기적의 계산법

초등 3학년

5권

기적의 계산법 · 5권

초판 발행 2021년 12월 20일
초판 9쇄 2024년 7월 26일

지은이 기적학습연구소
발행인 이종원
발행처 길벗스쿨
출판사 등록일 2006년 7월 1일
주소 서울시 마포구 월드컵로 10길 56(서교동)
대표 전화 02)332-0931 | **팩스** 02)333-5409
홈페이지 school.gilbut.co.kr | **이메일** gilbut@gilbut.co.kr

기획 이선정(dinga@gilbut.co.kr) | **편집진행** 홍현경, 이선정
제작 이준호, 손일순, 이진혁 | **영업마케팅** 문세연, 박선경, 박다슬 | **웹마케팅** 박달님, 이재윤, 이지수, 나혜연
영업관리 김명자, 정경화 | **독자지원** 윤정아
디자인 정보라 | **표지 일러스트** 김다예 | **본문 일러스트** 김지하
전산편집 글사랑 | **CTP 출력·인쇄·제본** 예림인쇄

▶ 본 도서는 '절취선 형성을 위한 제본용 접지 장치(Folding apparatus for bookbinding)' 기술 적용도서입니다.
특허 제10-2301169호

ISBN 979-11-6406-402-1 64410
(길벗 도서번호 10813)

정가 9,000원

연산, 왜 해야 하나요?

"계산은 계산기가 하면 되지,
다 아는데 이 지겨운 걸 계속 풀어야 해?"
아이들은 자주 이렇게 말해요. 연산 훈련, 꼭 시켜야 할까요?

1. 초등수학의 80%, 연산

초등수학의 5개 영역 중에서 가장 많은 부분을 차지하는 것이 바로 수와 연산입니다. 절반 정도를 차지하고 있어요.
그런데 곰곰이 생각해 보면 도형, 측정 영역에서 길이의 덧셈과 뺄셈, 시간의 합과 차, 도형의 둘레와 넓이처럼
다른 영역의 문제를 풀 때도 마지막에는 연산 과정이 있죠.
이때 연산이 충분히 훈련되지 않으면 문제를 끝까지 해결하기 어려워집니다.
초등학교 수학의 핵심은 연산입니다. 연산을 잘하면 수학이 재미있어지고 점점 자신감이 붙어서 수학을 잘할 수 있어요.
연산 훈련으로 아이의 '수학자신감'을 키워주세요.

2. 아깝게 틀리는 이유, 계산 실수 때문에! 시험 시간이 부족한 이유, 계산이 느려서!

1, 2학년의 연산은 눈으로도 풀 수 있는 문제가 많아요. 하지만 고학년이 될수록 연산은 점점 복잡해지고,
한 문제를 풀기 위해 거쳐야 하는 연산 횟수도 훨씬 많아집니다. 중간에 한 번만 실수해도 문제를 틀리게 되죠.
아이가 작은 연산 실수로 문제를 틀리는 것만큼 안타까울 때가 또 있을까요?
어려운 글도 잘 이해했고, 식도 잘 세웠는데 아주 작은 실수로 문제를 틀리면 엄마도 속상하고, 아이는 더 속상하죠.
게다가 고학년일수록 수학이 더 어려워지기 때문에 계산하는 데 시간이 오래 걸리면 정작 문제를 풀 시간이 부족하고,
급한 마음에 실수도 종종 생깁니다.
가볍게 생각하고 그대로 방치하면 중·고등학생이 되었을 때 이 부분이 수학 공부에 치명적인 약점이 될 수 있어요.
공부할 내용은 늘고 시험 시간은 줄어드는데, 절차가 많고 복잡한 문제를 해결할 시간까지 모자랄 수 있으니까요.
연산은 쉽더라도 정확하게 푸는 반복 훈련이 꼭 필요해요. 처음 배울 때부터 차근차근 실력을 다져야 합니다.
처음에는 느릴 수 있어요. 이제 막 배운 내용이거나 어려운 연산은 손에 익히는 데까지 시간이 필요하지만,
정확하게 푸는 연습을 꾸준히 하면 문제를 푸는 속도는 자연스럽게 빨라집니다.
꾸준한 반복 학습으로 연산의 '정확성'과 '속도' 두 마리 토끼를 모두 잡으세요.

연산, 이렇게 공부하세요.

연산을 왜 해야 하는지는 알겠는데, 어떻게 시작해야 할지 고민되시나요?
연산 훈련을 위한 다섯 가지 방법을 알려 드릴게요.

1 매일 같은 시간, 같은 양을 학습하세요.

공부 습관을 만들 때는 학습 부담을 줄이고 최소한의 시간으로 작게 목표를 잡아서 지금 할 수 있는 것부터 시작하는 것이 좋습니다. 이때 제격인 것이 바로 연산 훈련입니다. '얼마나 많은 양을 공부하는가'보다 '얼마나 꾸준히 했느냐'가 연산 능력을 키우는 가장 중요한 열쇠거든요.
매일 같은 시간, 하루에 10분씩 가벼운 마음으로 연산 문제를 풀어 보세요. 등교 전이나 하교 후, 저녁 먹은 후에 해도 좋아요. 학교 쉬는 시간에 풀 수 있게 책가방 안에 한 장 쏙 넣어줄 수도 있죠. 중요한 것은 매일, 같은 시간, 같은 양으로 아이만의 공부 루틴을 만드는 것입니다. 메인 학습 전에 워밍업으로 활용하면 짧은 시간 몰입하는 집중력이 강화되어 공부 부스터의 역할을 할 수도 있어요.
아이가 자라고, 점점 공부할 양이 늘어나면 가장 중요한 것이 바로 매일 공부하는 습관을 만드는 일입니다. 어릴 때부터 계획하고 실행하는 습관을 만들면 작은 성취감과 자신감이 쌓이면서 다른 일도 해낼 수 있는 내공이 생겨요.

토독, 한 장씩 가볍게!

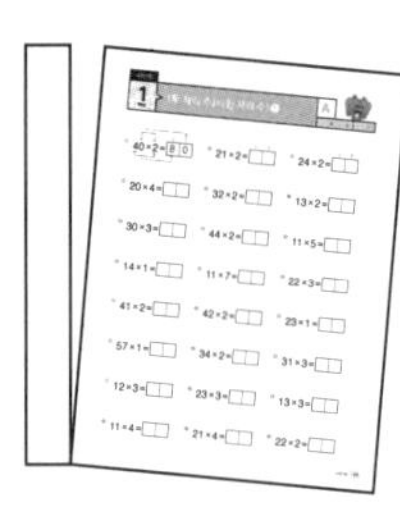

한 장과 한 권은 아이가 체감하는 부담이 달라요. 학습량에 대한 부담감이 줄어들면 아이의 공부 습관을 더 쉽게 만들 수 있어요.

2 반복 학습으로 '정확성'부터 '속도'까지 모두 잡아요.

피아노 연주를 배운다고 생각해 보세요. 처음부터 한 곡을 아름답게 연주할 수 있나요? 악보를 읽고, 건반을 하나하나 누르는 게 가능해도 각 음을 박자에 맞춰 정확하고 리듬감 있게 멜로디로 연주하려면 여러 번 반복해서 연습하는 과정이 꼭 필요합니다.
수학도 똑같아요. 개념을 알고 문제를 이해할 수 있어도 계산은 꼭 반복해서 훈련해야 합니다. 수나 식을 계산하는 데 시간이 걸리면 문제를 풀 시간이 모자라게 되고, 어려운 풀이 과정을 다 세워놓고도 마지막 단순 계산에서 실수를 하게 될 수도 있어요. 계산 방법을 몰라서 틀리는 게 아니라 절차 수행이 능숙하지 않아서 오작동을 일으키거나 시간이 오래 걸리는 거랍니다. 꾸준하게 같은 난이도의 문제를 충분히 반복하면 실수가 줄어들고, 점점 빠르게 계산할 수 있어요. 정확성과 속도를 높이는 데 중점을 두고 연산 훈련을 해서 수학의 기초를 튼튼하게 다지세요.

One Day 반복 설계

하루 1장, 2가지 유형
동일 난이도로 5일 반복

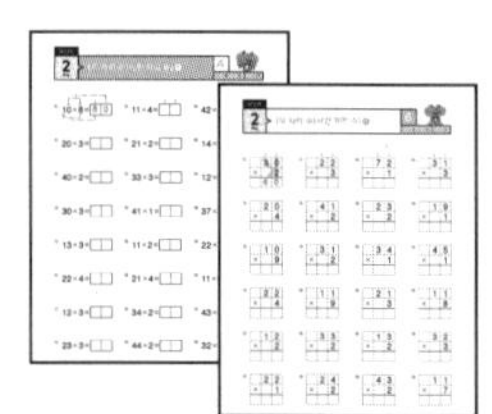

×5

3 반복은 아이 성향과 상황에 맞게 조절하세요.

연산 학습에 반복은 꼭 필요하지만, 아이가 지치고 수학을 싫어하게 만들 정도라면 반복하는 루틴을 조절해 보세요. 아이가 충분히 잘 알고 잘하는 주제라면 반복의 양을 줄일 수도 있고, 매일이 너무 바쁘다면 3일은 연산, 2일은 독해로 과목을 다르게 공부할 수도 있어요. 다만 남은 일차는 계산 실수가 잦을 때 다시 풀어 보기로 아이와 약속해 두는 것이 좋아요.

아이의 성향과 현재 상황을 잘 살펴서 융통성 있게 반복하는 '내 아이 맞춤 패턴'을 만들어 보세요.

계산법 맞춤 패턴 만들기

1. 단계별로 3일치만 풀기

3일씩만 풀고, 남은 2일치는 시험 대비나 복습용으로 쓰세요.

2. 2단계씩 묶어서 반복하기

1, 2단계를 3일치씩 풀고 다시 1단계로 돌아가 남은 2일치를 풀어요. 교차학습은 지식을 좀더 오래 기억할 수 있도록 하죠.

4 응용 문제를 풀 때 필요한 연산까지 연습하세요.

연산 훈련을 충분히 하더라도 실제로 학교 시험에 나오는 문제를 보면 당황할 수 있어요. 아이들은 문제의 꼴이 조금만 달라져도 지레 겁을 냅니다.

특히 모르는 수를 □로 놓고 식을 세워야 하는 문장제가 학교 시험에 나오면 아이들은 당황하기 시작하죠. 아이 입장에서 기초 연산으로 해결할 수 없는 □ 자체가 낯설고 어떻게 풀어야 할지 고민될 수 있습니다.

이럴 때는 식 4+□=7을 7-4=□로 바꾸는 것에 익숙해지는 연습해 보세요. 학교에서 알려주지 않지만 응용 문제에는 꼭 필요한 □가 있는 식을 훈련하면 연산에서 응용까지 쉽게 연결할 수 있어요. 스스로 세수를 하고 싶지만 세면대가 너무 높은 아이를 위해 작은 계단을 놓아준다고 생각하세요.

초등 방정식 훈련

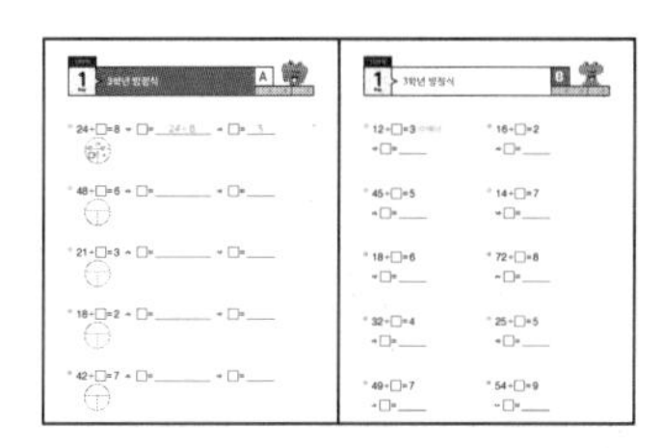

초등학생 눈높이에 맞는 □가 있는 식 바꾸기 훈련으로 한 권을 마무리하세요. 문장제처럼 다양한 연산 활용 문제를 푸는 밑바탕을 만들 수 있어요.

5 아이 스스로 계획하고, 실천해서 자기공부력을 쑥쑥 키워요.

백 명의 아이들은 제각기 백 가지 색깔을 지니고 있어요. 아이가 승부욕이 있다면 시간 재기를, 계획 세우는 것을 좋아한다면 스스로 약속을 할 수 있게 돕는 것도 좋아요. 아이와 많은 이야기를 나누면서 공부가 잘되는 시간, 환경, 동기 부여 방법 등을 살펴보고 주도적으로 실천할 수 있는 분위기를 만드는 것이 중요합니다.

아이 스스로 계획하고 실천하면 오늘 약속한 것을 모두 끝냈다는 작은 성취감을 가질 수 있어요. 자기 공부에 대한 책임감도 생깁니다. 자신만의 공부 스타일을 찾고, 주도적으로 실천해야 자기공부력을 키울 수 있어요.

나만의 학습 기록표

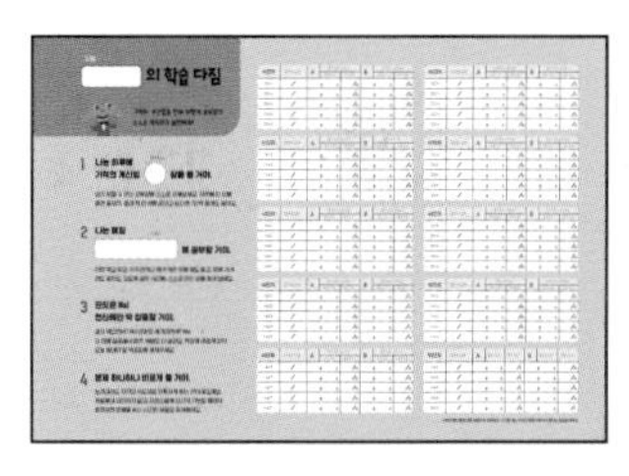

잘 보이는 곳에 붙여놓고 주도적으로 실천해요. 어제보다, 지난주보다, 지난달보다 나아진 실력을 보면서 뿌듯함을 느껴보세요!

권별 학습 구성

<기적의 계산법>은 유아 단계부터 초등 6학년까지로 구성된 연산 프로그램 교재입니다.
권별, 단계별 내용을 한눈에 확인하고,
유아부터 초등까지 <기적의 계산법>으로 공부하세요.

구분	권	내용	권	내용
유아 5~7세	P1권	10까지의 구조적 수 세기	P4권	100까지의 구조적 수 세기
	P2권	5까지의 덧셈과 뺄셈	P5권	10의 덧셈과 뺄셈
	P3권	10보다 작은 덧셈과 뺄셈	P6권	10보다 큰 덧셈과 뺄셈
초1	1권	자연수의 덧셈과 뺄셈 초급	2권	자연수의 덧셈과 뺄셈 중급
	1단계	수를 가르고 모으기	11단계	10을 가르고 모으기, 10의 덧셈과 뺄셈
	2단계	합이 9까지인 덧셈	12단계	연이은 덧셈, 뺄셈
	3단계	차가 9까지인 뺄셈	13단계	받아올림이 있는 (몇)+(몇)
	4단계	합과 차가 9까지인 덧셈과 뺄셈 종합	14단계	받아내림이 있는 (십몇)-(몇)
	5단계	연이은 덧셈, 뺄셈	15단계	받아올림/받아내림이 있는 덧셈과 뺄셈 종합
	6단계	(몇십)+(몇), (몇)+(몇십)	16단계	(두 자리 수)+(한 자리 수)
	7단계	(몇십몇)+(몇), (몇십몇)-(몇)	17단계	(두 자리 수)-(한 자리 수)
	8단계	(몇십)+(몇십), (몇십)-(몇십)	18단계	두 자리 수와 한 자리 수의 덧셈과 뺄셈 종합
	9단계	(몇십몇)+(몇십몇), (몇십몇)-(몇십몇)	19단계	덧셈과 뺄셈의 혼합 계산
	10단계	1학년 방정식	20단계	1학년 방정식
초2	3권	자연수의 덧셈과 뺄셈 중급 구구단 초급	4권	구구단 중급 자연수의 덧셈과 뺄셈 고급
	21단계	(두 자리 수)+(두 자리 수)	31단계	구구단 종합 ①
	22단계	(두 자리 수)-(두 자리 수)	32단계	구구단 종합 ②
	23단계	두 자리 수의 덧셈과 뺄셈 종합 ①	33단계	(세 자리 수)+(세 자리 수) ①
	24단계	두 자리 수의 덧셈과 뺄셈 종합 ②	34단계	(세 자리 수)+(세 자리 수) ②
	25단계	같은 수를 여러 번 더하기	35단계	(세 자리 수)-(세 자리 수) ①
	26단계	구구단 2, 5, 3, 4단 ①	36단계	(세 자리 수)-(세 자리 수) ②
	27단계	구구단 2, 5, 3, 4단 ②	37단계	(세 자리 수)-(세 자리 수) ③
	28단계	구구단 6, 7, 8, 9단 ①	38단계	세 자리 수의 덧셈과 뺄셈 종합 ①
	29단계	구구단 6, 7, 8, 9단 ②	39단계	세 자리 수의 덧셈과 뺄셈 종합 ②
	30단계	2학년 방정식	40단계	2학년 방정식

초3

5권 자연수의 곱셈과 나눗셈 초급

41단계	(두 자리 수)×(한 자리 수) ①
42단계	(두 자리 수)×(한 자리 수) ②
43단계	(두 자리 수)×(한 자리 수) ③
44단계	(세 자리 수)×(한 자리 수) ①
45단계	(세 자리 수)×(한 자리 수) ②
46단계	곱셈 종합
47단계	나눗셈 기초
48단계	구구단 범위에서의 나눗셈 ①
49단계	구구단 범위에서의 나눗셈 ②
50단계	3학년 방정식

6권 자연수의 곱셈과 나눗셈 중급

51단계	(몇십)×(몇십), (몇십몇)×(몇십)
52단계	(두 자리 수)×(두 자리 수) ①
53단계	(두 자리 수)×(두 자리 수) ②
54단계	(몇십)÷(몇), (몇백몇십)÷(몇)
55단계	(두 자리 수)÷(한 자리 수) ①
56단계	(두 자리 수)÷(한 자리 수) ②
57단계	(두 자리 수)÷(한 자리 수) ③
58단계	(세 자리 수)÷(한 자리 수) ①
59단계	(세 자리 수)÷(한 자리 수) ②
60단계	3학년 방정식

초4

7권 자연수의 곱셈과 나눗셈 고급

61단계	몇십, 몇백 곱하기
62단계	(세 자리 수)×(몇십)
63단계	(세 자리 수)×(두 자리 수)
64단계	몇십으로 나누기
65단계	(세 자리 수)÷(몇십)
66단계	(두 자리 수)÷(두 자리 수)
67단계	(세 자리 수)÷(두 자리 수) ①
68단계	(세 자리 수)÷(두 자리 수) ②
69단계	곱셈과 나눗셈 종합
70단계	4학년 방정식

8권 분수, 소수의 덧셈과 뺄셈 중급

71단계	대분수를 가분수로, 가분수를 대분수로 나타내기
72단계	분모가 같은 진분수의 덧셈과 뺄셈
73단계	분모가 같은 대분수의 덧셈과 뺄셈
74단계	분모가 같은 분수의 덧셈
75단계	분모가 같은 분수의 뺄셈
76단계	분모가 같은 분수의 덧셈과 뺄셈 종합
77단계	자릿수가 같은 소수의 덧셈과 뺄셈
78단계	자릿수가 다른 소수의 덧셈
79단계	자릿수가 다른 소수의 뺄셈
80단계	4학년 방정식

초5

9권 분수의 덧셈과 뺄셈 고급

81단계	약수와 공약수, 배수와 공배수
82단계	최대공약수와 최소공배수
83단계	공약수와 최대공약수, 공배수와 최소공배수의 관계
84단계	약분
85단계	통분
86단계	분모가 다른 진분수의 덧셈과 뺄셈
87단계	분모가 다른 대분수의 덧셈과 뺄셈 ①
88단계	분모가 다른 대분수의 덧셈과 뺄셈 ②
89단계	분모가 다른 분수의 덧셈과 뺄셈 종합
90단계	5학년 방정식

10권 혼합 계산 / 분수, 소수의 곱셈 중급

91단계	덧셈과 뺄셈, 곱셈과 나눗셈의 혼합 계산
92단계	덧셈, 뺄셈, 곱셈의 혼합 계산
93단계	덧셈, 뺄셈, 나눗셈의 혼합 계산
94단계	덧셈, 뺄셈, 곱셈, 나눗셈의 혼합 계산
95단계	(분수)×(자연수), (자연수)×(분수)
96단계	(분수)×(분수) ①
97단계	(분수)×(분수) ②
98단계	(소수)×(자연수), (자연수)×(소수)
99단계	(소수)×(소수)
100단계	5학년 방정식

초6

11권 분수, 소수의 나눗셈 중급

101단계	(자연수)÷(자연수), (분수)÷(자연수)
102단계	분수의 나눗셈 ①
103단계	분수의 나눗셈 ②
104단계	분수의 나눗셈 ③
105단계	(소수)÷(자연수)
106단계	몫이 소수인 (자연수)÷(자연수)
107단계	소수의 나눗셈 ①
108단계	소수의 나눗셈 ②
109단계	소수의 나눗셈 ③
110단계	6학년 방정식

12권 비 / 중등방정식

111단계	비와 비율
112단계	백분율
113단계	비교하는 양, 기준량 구하기
114단계	가장 간단한 자연수의 비로 나타내기
115단계	비례식
116단계	비례배분
117단계	중학교 방정식 ①
118단계	중학교 방정식 ②
119단계	중학교 방정식 ③
120단계	중학교 혼합 계산

차례

▶ 학습계획 : 매일 공부할 날짜를 정하고, 계획에 맞게 공부하세요.

일차	1일차	2일차	3일차	4일차	5일차
날짜	/	/	/	/	/

▶ 학습연계 : 지금 무엇을 배우는지 확인하고, 이전에 배운 단계와 앞으로 배울 단계를 살펴보세요.

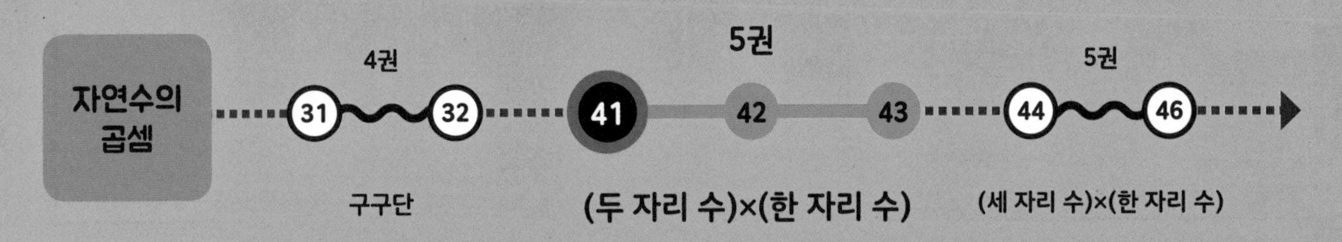

41 (두 자리 수)×(한 자리 수) ❶

두 자리 수를 일의 자리와 십의 자리로 나누어 생각해요.

가로셈 12×4에서 곱해지는 수 12를 십의 자리와 일의 자리로 나누어 곱하는 수 4를 각각 곱해요. 이때 십의 자리의 곱은 십의 자리에, 일의 자리의 곱은 일의 자리에 써야 해요.

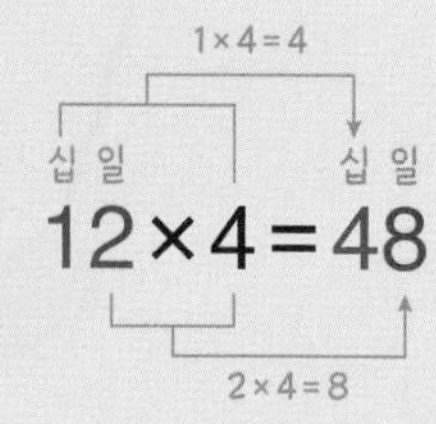

세로셈 세로셈 연습은 42단계에서 올림이 있는 곱셈을 할 때 곱의 자리를 찾는 기초가 됩니다. 올림이 없는 곱셈은 가로셈에서 바로 계산할 수 있지만, 세로셈 연습을 미리 해 보세요.

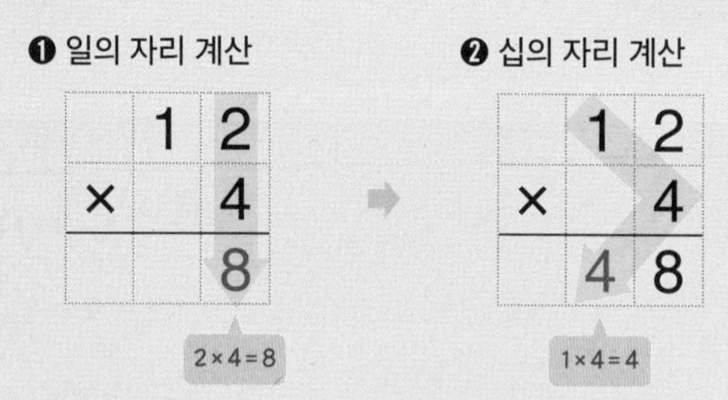

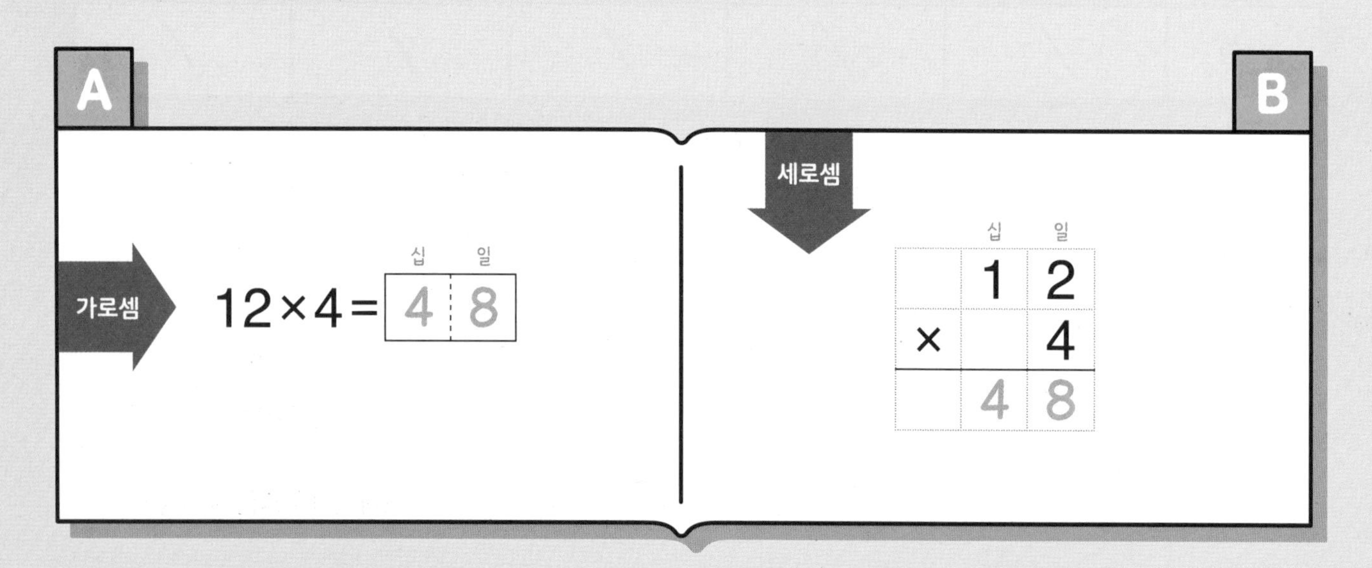

1 Day (두 자리 수)×(한 자리 수) ①

A

월 일 /24

① $40\times2=$ [8 | 0] (십 | 일; 0×2 → 일, 4×2 → 십)

② $20\times4=$ [|]

③ $30\times3=$ [|]

④ $14\times1=$ [|]

⑤ $41\times2=$ [|]

⑥ $57\times1=$ [|]

⑦ $12\times3=$ [|]

⑧ $11\times4=$ [|]

⑨ $21\times2=$ [|] (십 | 일)

⑩ $32\times2=$ [|]

⑪ $44\times2=$ [|]

⑫ $11\times7=$ [|]

⑬ $42\times2=$ [|]

⑭ $34\times2=$ [|]

⑮ $23\times3=$ [|]

⑯ $21\times4=$ [|]

⑰ $24\times2=$ [|] (십 | 일)

⑱ $13\times2=$ [|]

⑲ $11\times5=$ [|]

⑳ $22\times3=$ [|]

㉑ $23\times1=$ [|]

㉒ $31\times3=$ [|]

㉓ $13\times3=$ [|]

㉔ $22\times2=$ [|]

41단계

1 Day

(두 자리 수)×(한 자리 수) ❶

B

월 일 /24

①

	십	일
	1	0
×		3
	3	0

②

	3	0
×		2

③

	8	0
×		1

④

	2	1
×		3

⑤

	1	2
×		2

⑥

	3	3
×		3

⑦

	십	일
	3	4
×		1

⑧

	1	1
×		3

⑨

	1	4
×		2

⑩

	3	3
×		2

⑪

	2	3
×		2

⑫

	2	1
×		2

⑬

	십	일
	1	7
×		1

⑭

	2	2
×		4

⑮

	6	3
×		1

⑯

	3	1
×		2

⑰

	5	2
×		1

⑱

	1	1
×		6

⑲

	십	일
	1	2
×		4

⑳

	7	4
×		1

㉑

	1	1
×		9

㉒

	2	0
×		2

㉓

	3	2
×		3

㉔

	4	3
×		2

2 Day (두 자리 수)×(한 자리 수) ❶

A

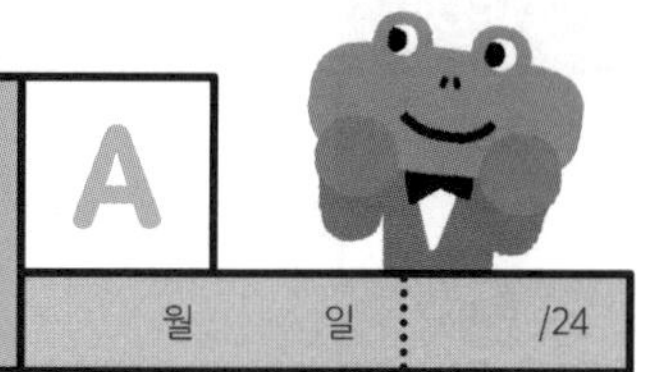

월 일 /24

① $10\times8=$ [십: 8 | 일: 0] (0×8 → 일, 1×8 → 십)

② $20\times3=$ [|]

③ $40\times2=$ [|]

④ $30\times3=$ [|]

⑤ $13\times3=$ [|]

⑥ $22\times4=$ [|]

⑦ $12\times3=$ [|]

⑧ $23\times3=$ [|]

⑨ $11\times4=$ [|]

⑩ $21\times2=$ [|]

⑪ $33\times3=$ [|]

⑫ $41\times1=$ [|]

⑬ $11\times2=$ [|]

⑭ $21\times4=$ [|]

⑮ $34\times2=$ [|]

⑯ $44\times2=$ [|]

⑰ $42\times2=$ [|]

⑱ $14\times2=$ [|]

⑲ $12\times4=$ [|]

⑳ $37\times1=$ [|]

㉑ $22\times2=$ [|]

㉒ $11\times5=$ [|]

㉓ $43\times1=$ [|]

㉔ $32\times2=$ [|]

(두 자리 수)×(한 자리 수) ❶

B

월 일 /24

(십 일)

① $30 \times 2 = 60$

② 20×4

③ 10×9

④ 22×4

⑤ 12×2

⑥ 22×1

⑦ 22×3

⑧ 41×2

⑨ 31×2

⑩ 11×9

⑪ 33×2

⑫ 24×2

⑬ 72×1

⑭ 23×2

⑮ 34×1

⑯ 21×3

⑰ 13×2

⑱ 43×2

⑲ 31×3

⑳ 19×1

㉑ 45×1

㉒ 11×8

㉓ 32×3

㉔ 11×7

41단계

(두 자리 수)×(한 자리 수) ❶

A

① $30 \times 3 =$ [9 | 0] (십, 일)

(0×3 → 일의 자리, 3×3 → 십의 자리)

⑨ $14 \times 2 =$ [|] (십, 일)

⑰ $12 \times 2 =$ [|] (십, 일)

② $40 \times 2 =$ [|]

⑩ $32 \times 3 =$ [|]

⑱ $34 \times 2 =$ [|]

③ $10 \times 7 =$ [|]

⑪ $43 \times 1 =$ [|]

⑲ $56 \times 1 =$ [|]

④ $22 \times 1 =$ [|]

⑫ $11 \times 4 =$ [|]

⑳ $22 \times 2 =$ [|]

⑤ $42 \times 2 =$ [|]

⑬ $21 \times 3 =$ [|]

㉑ $21 \times 4 =$ [|]

⑥ $13 \times 3 =$ [|]

⑭ $23 \times 2 =$ [|]

㉒ $11 \times 3 =$ [|]

⑦ $32 \times 1 =$ [|]

⑮ $33 \times 1 =$ [|]

㉓ $32 \times 2 =$ [|]

⑧ $11 \times 6 =$ [|]

⑯ $24 \times 1 =$ [|]

㉔ $22 \times 3 =$ [|]

41단계

(두 자리 수)×(한 자리 수) ❶

B

월 일 /24

① (십 일) 10 × 5 = 50

② 20 × 3

③ 30 × 2

④ 11 × 5

⑤ 23 × 3

⑥ 86 × 1

⑦ (십 일) 13 × 2

⑧ 31 × 3

⑨ 22 × 4

⑩ 44 × 2

⑪ 12 × 3

⑫ 16 × 1

⑬ (십 일) 21 × 2

⑭ 33 × 3

⑮ 41 × 2

⑯ 31 × 2

⑰ 42 × 1

⑱ 23 × 2

⑲ (십 일) 11 × 9

⑳ 24 × 2

㉑ 12 × 4

㉒ 21 × 4

㉓ 43 × 2

㉔ 33 × 2

41단계

(두 자리 수)×(한 자리 수) ①

월 일 /24

① $70 \times 1 =$ 7 0 (십: 7×1, 일: 0×1)

② $10 \times 4 =$ ☐☐

③ $20 \times 2 =$ ☐☐

④ $14 \times 2 =$ ☐☐

⑤ $42 \times 1 =$ ☐☐

⑥ $11 \times 4 =$ ☐☐

⑦ $13 \times 3 =$ ☐☐

⑧ $65 \times 1 =$ ☐☐

⑨ $33 \times 2 =$ ☐☐

⑩ $32 \times 2 =$ ☐☐

⑪ $21 \times 3 =$ ☐☐

⑫ $13 \times 2 =$ ☐☐

⑬ $11 \times 7 =$ ☐☐

⑭ $22 \times 4 =$ ☐☐

⑮ $34 \times 2 =$ ☐☐

⑯ $41 \times 2 =$ ☐☐

⑰ $24 \times 2 =$ ☐☐

⑱ $12 \times 2 =$ ☐☐

⑲ $42 \times 2 =$ ☐☐

⑳ $23 \times 3 =$ ☐☐

㉑ $31 \times 2 =$ ☐☐

㉒ $22 \times 2 =$ ☐☐

㉓ $46 \times 1 =$ ☐☐

㉔ $22 \times 3 =$ ☐☐

41단계

(두 자리 수)×(한 자리 수) ❶

월 일 /24

	십	일
①	4	0
×		2
	8	0

② 30×2

③ 10×9

④ 32×1

⑤ 23×2

⑥ 34×2

⑦ 22×2

⑧ 21×2

⑨ 31×3

⑩ 43×2

⑪ 33×3

⑫ 44×2

⑬ 12×3

⑭ 32×2

⑮ 11×6

⑯ 24×2

⑰ 21×4

⑱ 58×1

⑲ 42×2

⑳ 20×4

㉑ 17×1

㉒ 12×4

㉓ 11×3

㉔ 32×3

5 Day (두 자리 수)×(한 자리 수) ❶

① $20 \times 4 =$ [8 | 0] (십, 일; 0×4 → 일, 2×4 → 십)

② $10 \times 2 =$ [|]

③ $20 \times 3 =$ [|]

④ $12 \times 2 =$ [|]

⑤ $11 \times 2 =$ [|]

⑥ $32 \times 3 =$ [|]

⑦ $23 \times 2 =$ [|]

⑧ $44 \times 2 =$ [|]

⑨ $12 \times 3 =$ [|] (십, 일)

⑩ $41 \times 2 =$ [|]

⑪ $22 \times 4 =$ [|]

⑫ $21 \times 3 =$ [|]

⑬ $13 \times 3 =$ [|]

⑭ $73 \times 1 =$ [|]

⑮ $11 \times 8 =$ [|]

⑯ $33 \times 3 =$ [|]

⑰ $33 \times 1 =$ [|] (십, 일)

⑱ $22 \times 3 =$ [|]

⑲ $31 \times 3 =$ [|]

⑳ $12 \times 4 =$ [|]

㉑ $84 \times 1 =$ [|]

㉒ $43 \times 2 =$ [|]

㉓ $23 \times 3 =$ [|]

㉔ $32 \times 2 =$ [|]

41단계

(두 자리 수)×(한 자리 수) ①

B

월 일 /24

①

	십	일
	1	1
×		4
	4	4

②

	3	0
×		3

③

	2	0
×		3

④

	1	4
×		2

⑤

	5	5
×		1

⑥

	1	3
×		2

⑦

	십	일
	3	1
×		2

⑧

	1	3
×		3

⑨

	1	1
×		9

⑩

	1	0
×		6

⑪

	2	2
×		1

⑫

	3	4
×		2

⑬

	십	일
	1	9
×		1

⑭

	4	2
×		2

⑮

	2	1
×		4

⑯

	4	3
×		2

⑰

	1	2
×		3

⑱

	2	4
×		2

⑲

	십	일
	4	0
×		2

⑳

	3	3
×		2

㉑

	2	4
×		1

㉒

	1	1
×		5

㉓

	2	1
×		2

㉔

	2	2
×		2

▶ 학습계획 : 매일 공부할 날짜를 정하고, 계획에 맞게 공부하세요.

일차	1일차	2일차	3일차	4일차	5일차
날짜	/	/	/	/	/

▶ 학습연계 : 지금 무엇을 배우는지 확인하고, 이전에 배운 단계와 앞으로 배울 단계를 살펴보세요.

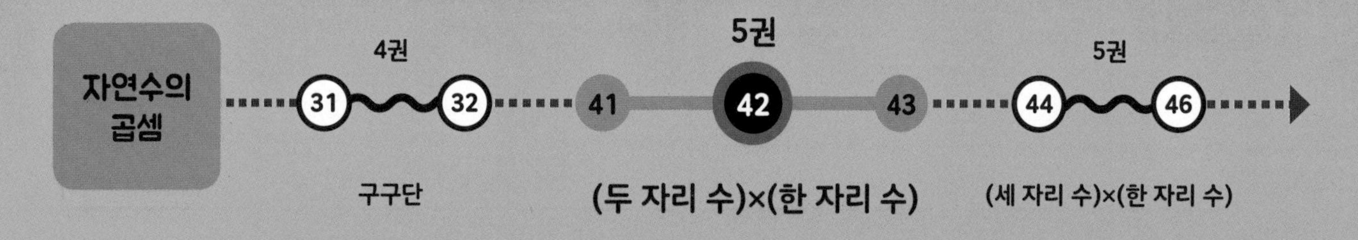

42 (두 자리 수)×(한 자리 수) ❷

곱셈에도 덧셈처럼 올림하는 계산이 있어요.

십의 자리에서 올림이 있을 때

십의 자리에서 올림하는 수를 백의 자리에 씁니다.

❶ 일의 자리 계산

	9	3
×		2
		6

❷ 십의 자리 계산

	9	3
×		2
1	8	6

일의 자리에서 올림이 있을 때

일의 자리에서 올림하는 수를 십의 자리 위에 작게 써 주고, 올림한 수를 십의 자리의 곱과 더합니다.

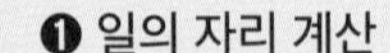

❶ 일의 자리 계산

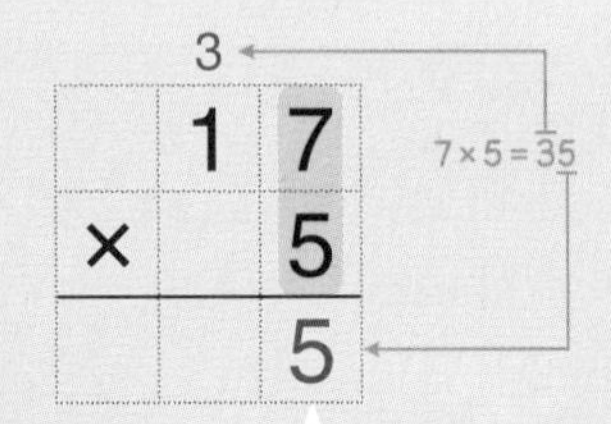

7×5=35에서 35의 3을 십의 자리 위에 작게 써요.

❷ 십의 자리 계산

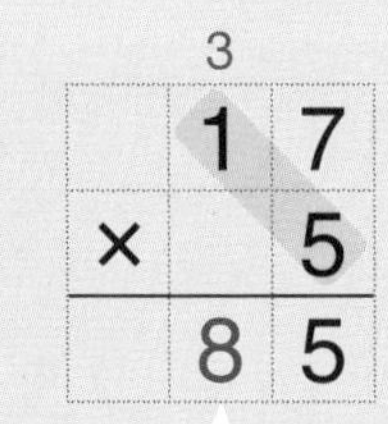

1×5=5에 올림한 수 3을 잊지 말고 더하세요!

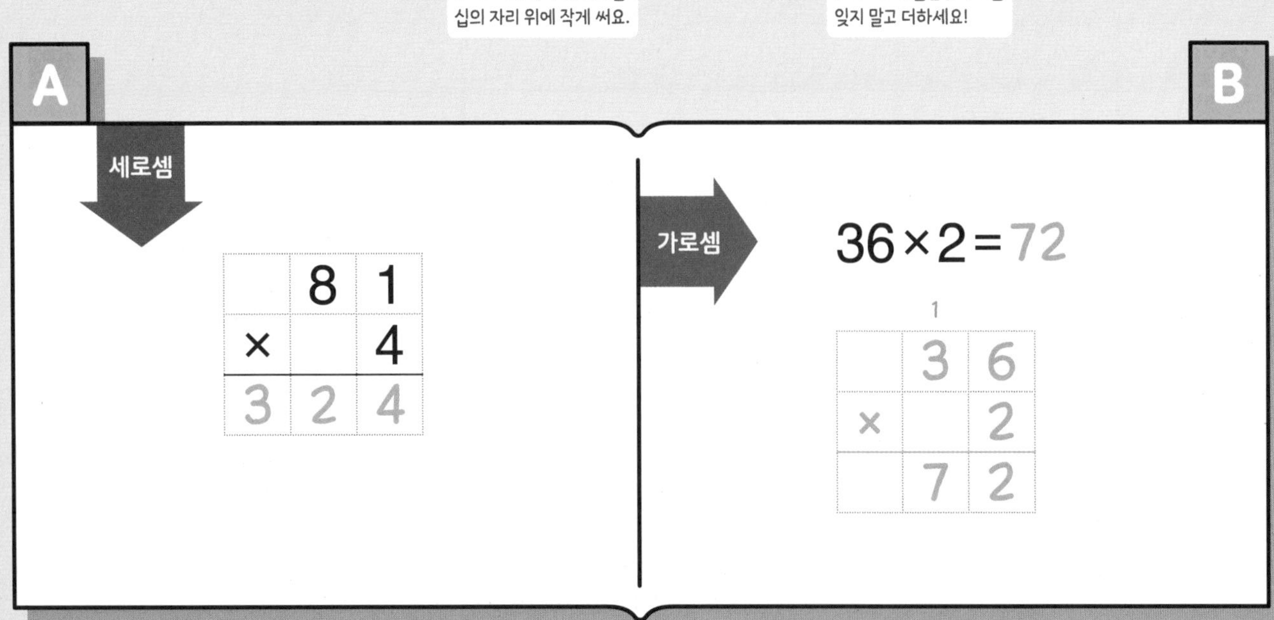

(두 자리 수)×(한 자리 수) ②

A

월 일 /24

① 50 × 2 = 100 (백 십 일)

백	십	일
	5	0
×		2
1	0	0

② 30 × 8

③ 90 × 5

④ 81 × 7

⑤ 73 × 3

⑥ 62 × 3

⑦ 42 × 4

⑧ 21 × 5

⑨ 64 × 2

⑩ 71 × 6

⑪ 93 × 3

⑫ 54 × 2

⑬ 27 × 3

⑭ 14 × 6

⑮ 37 × 2

⑯ 13 × 6

⑰ 48 × 2

⑱ 12 × 8

⑲ 19 × 4

⑳ 15 × 5

㉑ 49 × 2

㉒ 39 × 2

㉓ 17 × 4

㉔ 23 × 4

(두 자리 수)×(한 자리 수) ❷

① 60×5=

	6	0
×		5

② 90×7=

③ 83×2=

④ 71×7=

⑤ 53×2=

⑥ 42×3=

⑦ 52×4=

⑧ 63×3=

⑨ 16×4=

⑩ 28×3=

⑪ 18×5=

⑫ 38×2=

⑬ 35×2=

⑭ 13×7=

⑮ 45×2=

⑯ 25×3=

(두 자리 수)×(한 자리 수) ②

A

월 일 /24

①

백	십	일
	2	0
×		7
1	4	0

②

	3	0
×		5

③

	4	0
×		9

④

	8	4
×		2

⑤

	4	1
×		7

⑥

	7	2
×		2

⑦

백	십	일
	6	1
×		3

⑧

	9	4
×		2

⑨

	6	1
×		7

⑩

	7	3
×		2

⑪

	5	3
×		3

⑫

	9	2
×		4

⑬

백	십	일
	3	6
×		2

⑭

	2	9
×		3

⑮

	1	6
×		5

⑯

	1	3
×		4

⑰

	2	4
×		3

⑱

	4	6
×		2

⑲

백	십	일
	4	9
×		2

⑳

	1	2
×		5

㉑

	1	8
×		4

㉒

	1	8
×		2

㉓

	3	7
×		2

㉔

	1	6
×		3

(두 자리 수)×(한 자리 수) ❷

① 50×6=

	5	0
×		6

② 30×7=

③ 52×3=

④ 81×2=

⑤ 61×5=

⑥ 21×9=

⑦ 81×6=

⑧ 72×4=

⑨ 15×5=

⑩ 17×2=

⑪ 39×2=

⑫ 48×2=

⑬ 28×2=

⑭ 14×5=

⑮ 14×4=

⑯ 26×3=

3 Day (두 자리 수)×(한 자리 수) ②

A

월 일 /24

(백 십 일)

① $60 \times 3 = 180$

② $80 \times 8 =$

③ $40 \times 7 =$

④ $71 \times 9 =$

⑤ $31 \times 6 =$

⑥ $62 \times 4 =$

⑦ $92 \times 2 =$

⑧ $81 \times 5 =$

⑨ $51 \times 6 =$

⑩ $93 \times 3 =$

⑪ $41 \times 8 =$

⑫ $51 \times 7 =$

⑬ $13 \times 5 =$

⑭ $49 \times 2 =$

⑮ $24 \times 3 =$

⑯ $37 \times 2 =$

⑰ $46 \times 2 =$

⑱ $15 \times 4 =$

⑲ $23 \times 4 =$

⑳ $38 \times 2 =$

㉑ $17 \times 5 =$

㉒ $47 \times 2 =$

㉓ $28 \times 3 =$

㉔ $36 \times 2 =$

(두 자리 수)×(한 자리 수) ❷

월 일 /16

① 40×5=

	4	0
×		5

② 70×2=

③ 43×3=

④ 61×9=

⑤ 82×4=

⑥ 91×6=

⑦ 63×2=

⑧ 92×3=

⑨ 27×2=

⑩ 29×3=

⑪ 15×2=

⑫ 24×4=

⑬ 14×7=

⑭ 18×3=

⑮ 45×2=

⑯ 19×3=

4 Day

(두 자리 수)×(한 자리 수) ❷

A

월 일 /24

(백 십 일)

① 90 × 6 = 540

② 60 × 8

③ 20 × 9

④ 32 × 4

⑤ 81 × 5

⑥ 83 × 3

⑦ 51 × 5

⑧ 21 × 7

⑨ 82 × 2

⑩ 41 × 6

⑪ 91 × 9

⑫ 41 × 5

⑬ 14 × 4

⑭ 35 × 2

⑮ 27 × 3

⑯ 36 × 2

⑰ 25 × 2

⑱ 26 × 3

⑲ 26 × 2

⑳ 19 × 5

㉑ 15 × 3

㉒ 39 × 2

㉓ 23 × 4

㉔ 12 × 7

4 Day (두 자리 수)×(한 자리 수) ❷

① $30 \times 4 =$

⑤ $51 \times 8 =$

⑨ $16 \times 6 =$

⑬ $45 \times 2 =$

② $60 \times 7 =$

⑥ $82 \times 3 =$

⑩ $27 \times 2 =$

⑭ $28 \times 2 =$

③ $74 \times 2 =$

⑦ $61 \times 4 =$

⑪ $17 \times 3 =$

⑮ $48 \times 2 =$

④ $91 \times 5 =$

⑧ $72 \times 3 =$

⑫ $16 \times 2 =$

⑯ $15 \times 6 =$

5 Day (두 자리 수)×(한 자리 수) ❷

A

월 일 /24

① 70 × 5 = 350 (백 십 일)

② 40 × 4

③ 80 × 7

④ 61 × 6

⑤ 81 × 3

⑥ 62 × 2

⑦ 31 × 5

⑧ 41 × 9

⑨ 71 × 4

⑩ 32 × 4

⑪ 52 × 2

⑫ 92 × 3

⑬ 47 × 2

⑭ 18 × 3

⑮ 16 × 4

⑯ 29 × 2

⑰ 14 × 5

⑱ 37 × 2

⑲ 26 × 2

⑳ 24 × 4

㉑ 17 × 5

㉒ 35 × 2

㉓ 49 × 2

㉔ 24 × 3

42단계

(두 자리 수)×(한 자리 수) ❷

월 일 /16

① $50 \times 8 =$

	5	0
×		8

② $90 \times 3 =$

③ $73 \times 2 =$

④ $91 \times 7 =$

⑤ $71 \times 5 =$

⑥ $62 \times 4 =$

⑦ $21 \times 8 =$

⑧ $53 \times 3 =$

⑨ $29 \times 3 =$

⑩ $25 \times 2 =$

⑪ $19 \times 2 =$

⑫ $28 \times 3 =$

⑬ $12 \times 6 =$

⑭ $46 \times 2 =$

⑮ $38 \times 2 =$

⑯ $14 \times 3 =$

▶ 학습계획 : 매일 공부할 날짜를 정하고, 계획에 맞게 공부하세요.

일차	1일차	2일차	3일차	4일차	5일차
날짜	/	/	/	/	/

▶ 학습연계 : 지금 무엇을 배우는지 확인하고, 이전에 배운 단계와 앞으로 배울 단계를 살펴보세요.

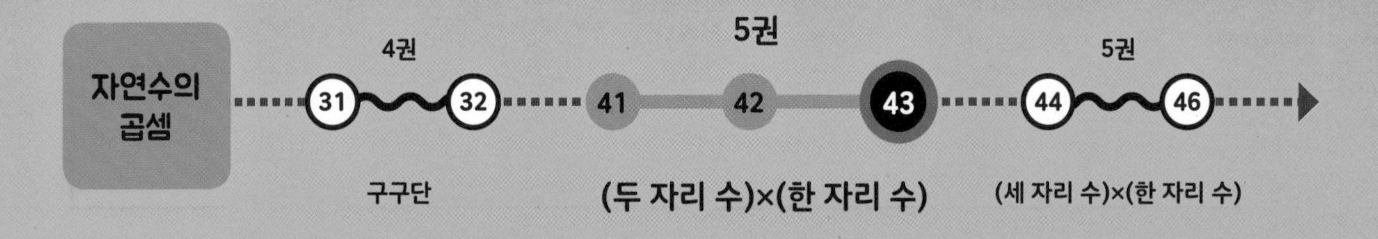

이렇게 계산해요!

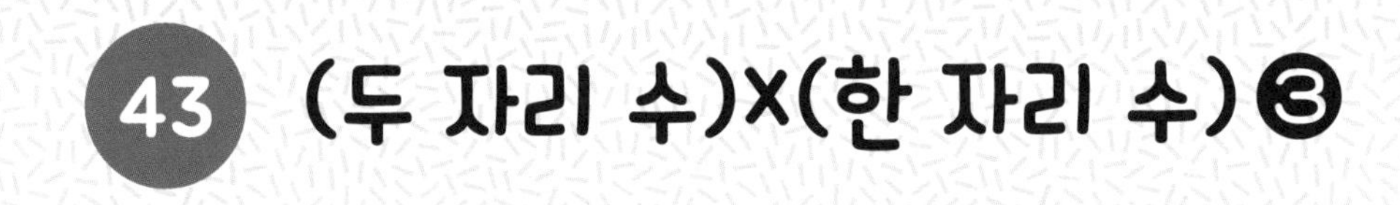

43 (두 자리 수)×(한 자리 수) ③

일의 자리와 십의 자리에서 올림하는 수를 잊지 말아요.

42단계에서는 일 또는 십의 자리에서만 올림이 있는 계산을 했어요.
이번 43단계에서는 일의 자리와 십의 자리에서 모두 올림이 있는 계산을 연습합니다.
복잡해 보이지만 올림이 여러 번 있어도 계산 방법은 같아요. 올림하는 수만 잊지 않고 계산하면 되니까요.
올림한 수를 바로 윗자리에 작게 쓰는 습관을 들이세요. 그러면 올림한 수를 잊지 않고 계산할 수 있어요.

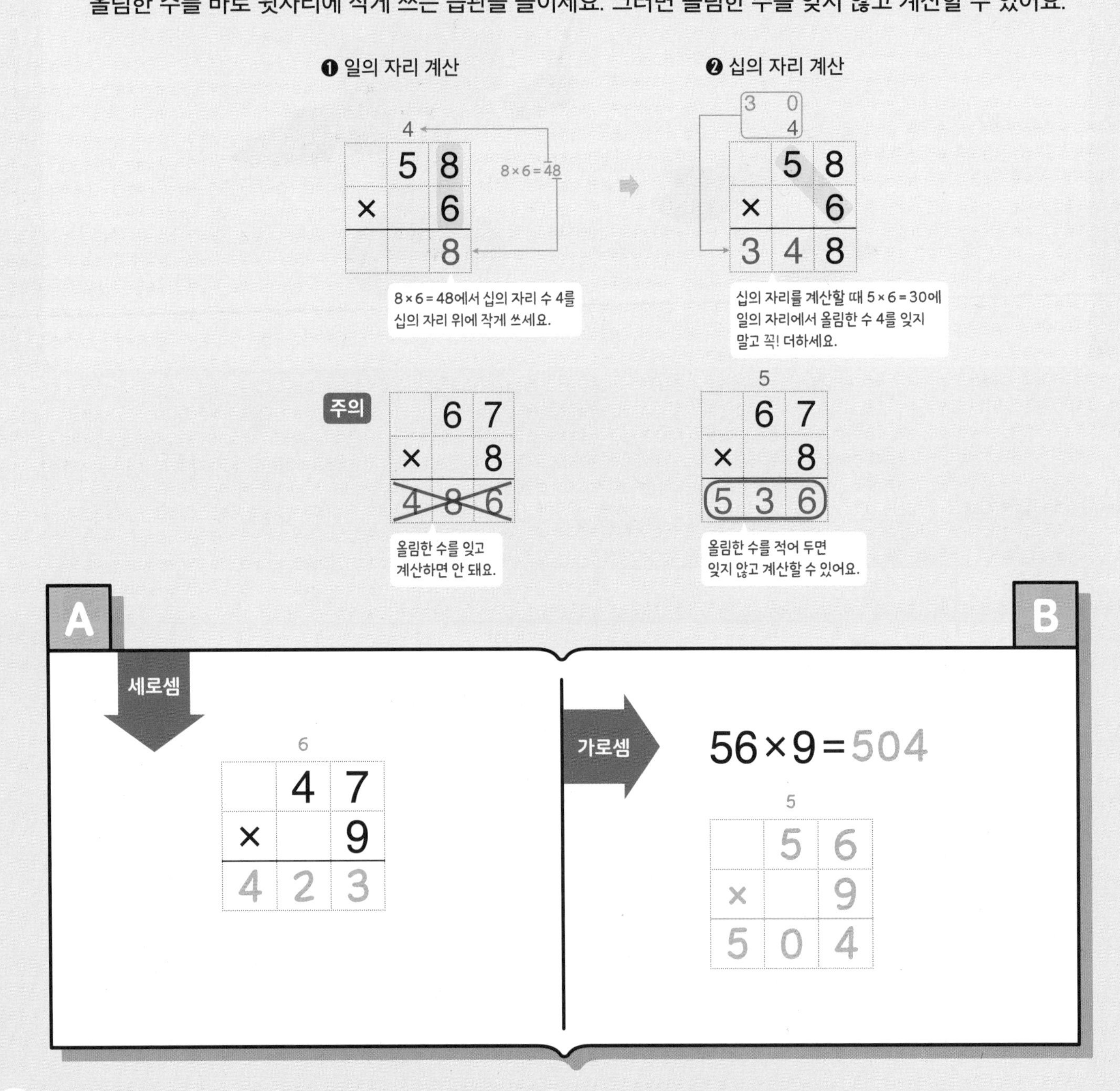

❶ 일의 자리 계산
4
5 8
× 6
8
8×6=48
8×6=48에서 십의 자리 수 4를 십의 자리 위에 작게 쓰세요.
❷ 십의 자리 계산
3 0
4
5 8
× 6
3 4 8
십의 자리를 계산할 때 5×6=30에 일의 자리에서 올림한 수 4를 잊지 말고 꼭! 더하세요.
주의
6 7
× 8
4 8 6
올림한 수를 잊고 계산하면 안 돼요.
5
6 7
× 8
5 3 6
올림한 수를 적어 두면 잊지 않고 계산할 수 있어요.
A
세로셈
6
4 7
× 9
4 2 3
B
가로셈
56×9=504
5
5 6
× 9
5 0 4

1 Day (두 자리 수)×(한 자리 수) ③

A

월 일 /24

1 ← 일의 자리에서 올림

①

	2	2
×		8
1	7	6

②

	7	7
×		2

③

	4	3
×		6

④

	9	8
×		6

⑤

	6	7
×		5

⑥

	3	4
×		4

⑦

	8	9
×		7

⑧

	4	8
×		8

⑨

	3	4
×		6

⑩

	8	9
×		8

⑪

	4	9
×		9

⑫

	3	6
×		9

⑬

	1	2
×		9

⑭

	8	4
×		6

⑮

	4	4
×		7

⑯

	1	3
×		8

⑰

	8	5
×		6

⑱

	4	5
×		7

⑲

	7	7
×		7

⑳

	6	8
×		8

㉑

	5	7
×		9

㉒

	6	8
×		9

㉓

	1	7
×		6

㉔

	5	8
×		7

43단계

(두 자리 수)×(한 자리 수) ❸

① $49 \times 3 =$

	4	9
×		3

② $98 \times 9 =$

③ $66 \times 9 =$

④ $33 \times 7 =$

⑤ $38 \times 8 =$

⑥ $59 \times 7 =$

⑦ $78 \times 8 =$

⑧ $26 \times 4 =$

⑨ $17 \times 8 =$

⑩ $67 \times 3 =$

⑪ $69 \times 9 =$

⑫ $35 \times 9 =$

⑬ $48 \times 7 =$

⑭ $75 \times 7 =$

⑮ $28 \times 9 =$

⑯ $46 \times 9 =$

(두 자리 수)×(한 자리 수) ③

A

월 일 /24

1 ← 일의 자리에서 올림

① $32 \times 6 = 192$

② 86×4

③ 59×4

④ 25×5

⑤ 74×5

⑥ 43×8

⑦ 47×7

⑧ 39×3

⑨ 26×9

⑩ 76×7

⑪ 29×8

⑫ 68×3

⑬ 18×7

⑭ 79×4

⑮ 36×9

⑯ 15×9

⑰ 27×4

⑱ 76×8

⑲ 67×8

⑳ 88×6

㉑ 47×9

㉒ 88×7

㉓ 45×9

㉔ 16×7

(두 자리 수)×(한 자리 수) ③

월 일 /16

① $58 \times 8 =$

	5	8
×		8

② $24 \times 6 =$

③ $76 \times 2 =$

④ $43 \times 4 =$

⑤ $24 \times 9 =$

⑥ $73 \times 7 =$

⑦ $37 \times 9 =$

⑧ $25 \times 4 =$

⑨ $34 \times 6 =$

⑩ $89 \times 8 =$

⑪ $49 \times 9 =$

⑫ $34 \times 9 =$

⑬ $44 \times 5 =$

⑭ $13 \times 8 =$

⑮ $85 \times 6 =$

⑯ $45 \times 5 =$

43단계

(두 자리 수)×(한 자리 수) ③

A

월 일 /24

2 ← 일의 자리에서 올림

①
	4	7
×		4
1	8	8

②
	9	6
×		2

③
	6	9
×		5

④
	3	6
×		7

⑤
	8	8
×		2

⑥
	5	6
×		4

⑦
	4	5
×		3

⑧
	5	8
×		9

⑨
	5	9
×		9

⑩
	1	7
×		9

⑪
	3	5
×		3

⑫
	3	5
×		9

⑬
	6	9
×		8

⑭
	7	5
×		4

⑮
	6	7
×		6

⑯
	2	8
×		8

⑰
	7	5
×		7

⑱
	7	8
×		7

⑲
	3	5
×		6

⑳
	1	7
×		8

㉑
	1	4
×		8

㉒
	4	6
×		5

㉓
	8	7
×		6

㉔
	5	9
×		7

(두 자리 수)×(한 자리 수) ③

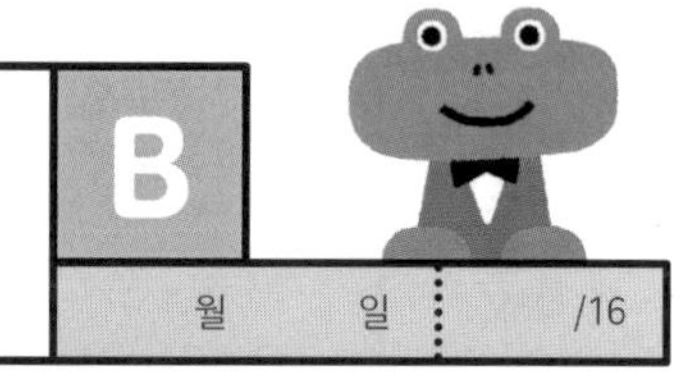

① $69 \times 2 =$

	6	9
×		2

② $35 \times 8 =$

③ $88 \times 5 =$

④ $54 \times 9 =$

⑤ $47 \times 6 =$

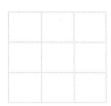

⑥ $79 \times 4 =$

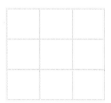

⑦ $47 \times 3 =$

⑧ $39 \times 8 =$

⑨ $15 \times 9 =$

⑩ $29 \times 7 =$

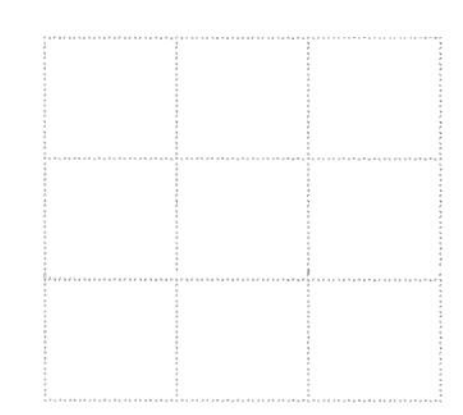

⑪ $67 \times 8 =$

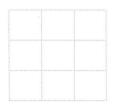

⑫ $68 \times 3 =$

⑬ $36 \times 9 =$

⑭ $79 \times 7 =$

⑮ $39 \times 6 =$

⑯ $76 \times 7 =$

(두 자리 수)×(한 자리 수) ③

1 ← 일의 자리에서 올림

① $55 \times 2 = 110$

⑦ 85×7

⑬ 68×9

⑲ 44×6

② 29×5

⑧ 37×6

⑭ 68×8

⑳ 49×4

③ 72×8

⑨ 27×9

⑮ 73×7

㉑ 94×7

④ 47×6

⑩ 35×4

⑯ 37×9

㉒ 77×8

⑤ 97×3

⑪ 72×7

⑰ 16×9

㉓ 34×6

⑥ 65×6

⑫ 34×9

⑱ 89×8

㉔ 24×9

(두 자리 수)×(한 자리 수) ③

① $52 \times 7 =$

	5	2
×		7

② $47 \times 3 =$

③ $99 \times 2 =$

④ $65 \times 3 =$

⑤ $67 \times 6 =$

⑥ $86 \times 7 =$

⑦ $26 \times 4 =$

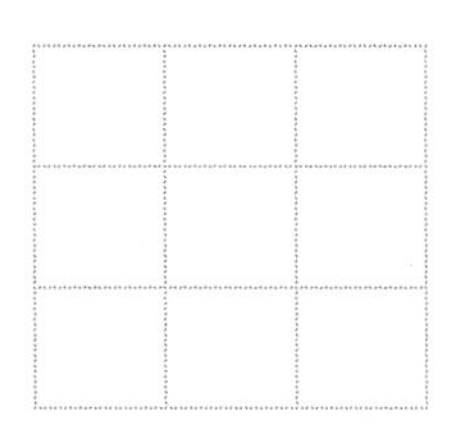

⑧ $35 \times 3 =$

⑨ $17 \times 9 =$

⑩ $29 \times 4 =$

⑪ $78 \times 8 =$

⑫ $66 \times 8 =$

⑬ $46 \times 7 =$

⑭ $74 \times 6 =$

⑮ $59 \times 3 =$

⑯ $43 \times 9 =$

43단계

5 Day (두 자리 수)×(한 자리 수) ③

A

월 일 /24

1 ← 일의 자리에서 올림

① 64 × 3 = 192

⑦ 15 × 8

⑬ 29 × 7

⑲ 47 × 5

② 38 × 5

⑧ 76 × 8

⑭ 36 × 9

⑳ 79 × 7

③ 85 × 4

⑨ 79 × 4

⑮ 88 × 7

㉑ 48 × 6

④ 56 × 7

⑩ 27 × 4

⑯ 18 × 8

㉒ 39 × 3

⑤ 52 × 9

⑪ 37 × 3

⑰ 26 × 9

㉓ 39 × 6

⑥ 77 × 6

⑫ 16 × 7

⑱ 76 × 7

㉔ 35 × 9

43단계

(두 자리 수)×(한 자리 수) ❸

① $85 \times 9 =$

	8	5
×		9

② $55 \times 4 =$

③ $94 \times 5 =$

④ $76 \times 6 =$

⑤ $27 \times 8 =$

⑥ $85 \times 6 =$

⑦ $39 \times 9 =$

⑧ $13 \times 8 =$

⑨ $19 \times 8 =$

⑩ $57 \times 7 =$

⑪ $89 \times 6 =$

⑫ $65 \times 4 =$

⑬ $49 \times 7 =$

⑭ $77 \times 8 =$

⑮ $37 \times 6 =$

⑯ $34 \times 9 =$

▶ 학습계획 : 매일 공부할 날짜를 정하고, 계획에 맞게 공부하세요.

일차	1일차	2일차	3일차	4일차	5일차
날짜	/	/	/	/	/

▶ 학습연계 : 지금 무엇을 배우는지 확인하고, 이전에 배운 단계와 앞으로 배울 단계를 살펴보세요.

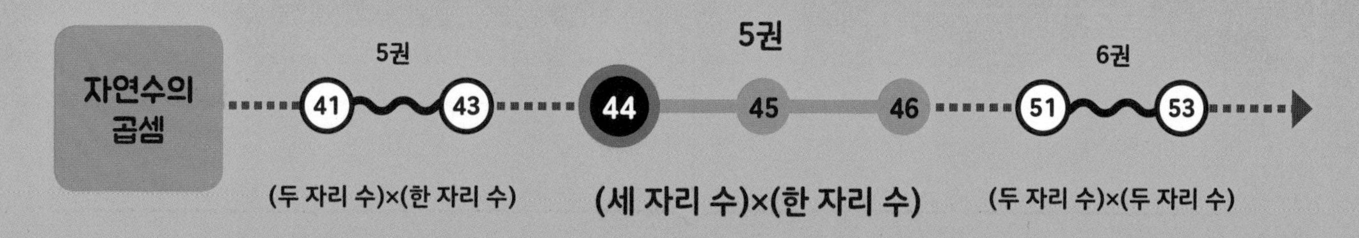

이렇게 계산해요!

44 (세 자리 수)×(한 자리 수) ❶

세 자리 수의 곱셈도 두 자리 수와 같은 방법으로 계산해요.

곱하는 수가 한 자리 수이면 곱해지는 수가 두 자리 수든 세 자리 수든 곱셈 방법은 같아요.
일, 십, 백의 자리 순서로 각각 계산하고, 그 결과를 더하면 됩니다.
이때 각 자리에서 올림이 있을 수 있어요. 올림한 수를 빠뜨리지 않도록 올리는 자리에 작게 써 두세요.

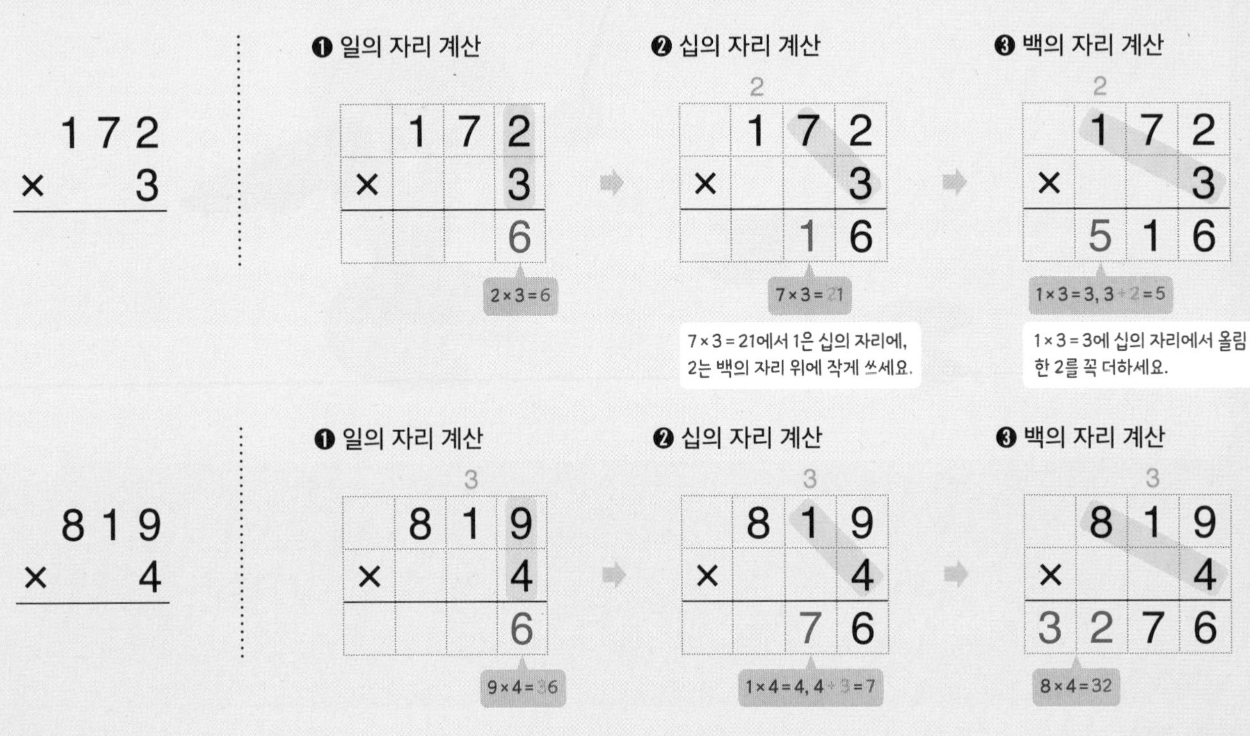

172 × 3
❶ 일의 자리 계산
2×3=6
❷ 십의 자리 계산
7×3=21
7×3=21에서 1은 십의 자리에, 2는 백의 자리 위에 작게 쓰세요.
❸ 백의 자리 계산
1×3=3, 3+2=5
1×3=3에 십의 자리에서 올림한 2를 꼭 더하세요.
516
819 × 4
❶ 일의 자리 계산
9×4=36
❷ 십의 자리 계산
1×4=4, 4+3=7
❸ 백의 자리 계산
8×4=32
3276

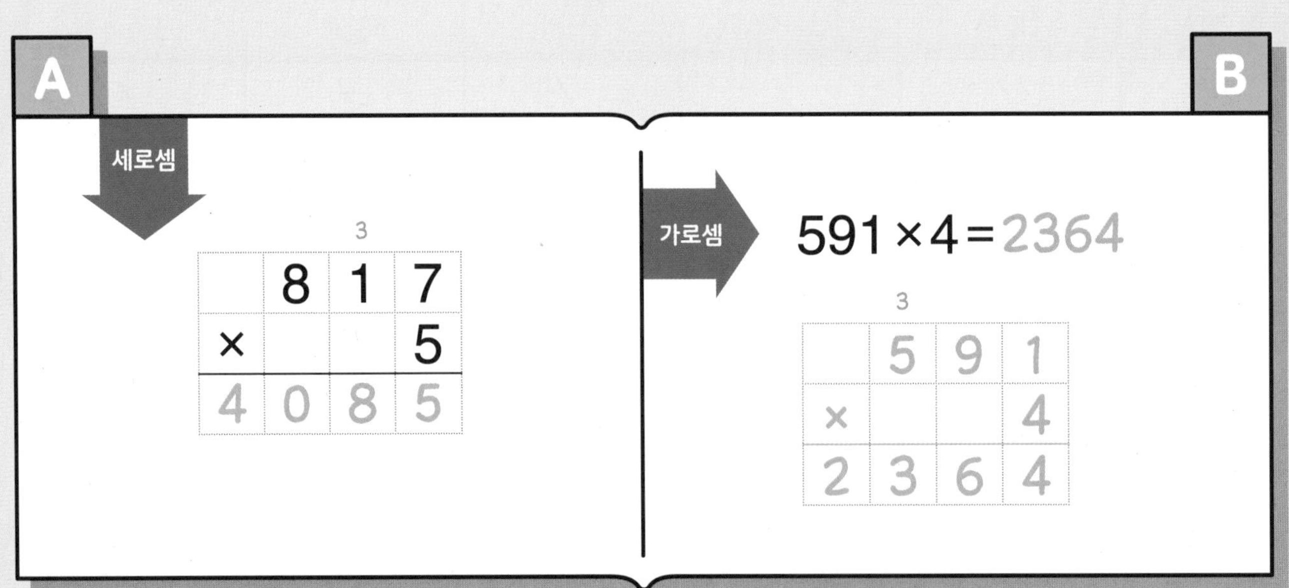

A
B
세로셈
817 × 5 = 4085
가로셈
591×4=2364

44단계

(세 자리 수)×(한 자리 수) ❶

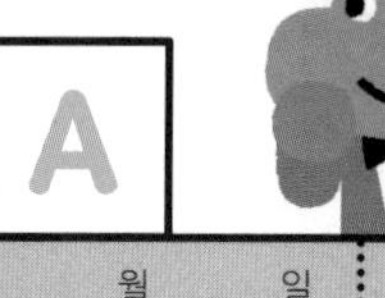

월 일 /18

① 1 ← 일의 자리에서 올림

	6	3	7
×			2
1	2	7	4

↑ 백의 자리에서 올림

②

	6	0	0
×			8

③

	7	0	0
×			7

④

	4	6	0
×			2

⑤

	5	0	9
×			6

⑥

	7	0	8
×			9

⑦

	1	2	3
×			4

⑧

	9	1	2
×			3

⑨

	2	2	3
×			3

⑩

	4	8	1
×			5

⑪

	1	2	4
×			4

⑫

	9	4	1
×			6

⑬

	8	1	5
×			5

⑭

	3	1	8
×			5

⑮

	3	7	0
×			6

⑯

	2	2	7
×			3

⑰

	5	8	2
×			2

⑱

	8	0	2
×			5

(세 자리 수)×(한 자리 수) ❶

① $500 \times 5 =$

	5	0	0
×			5

② $140 \times 7 =$

③ $905 \times 2 =$

④ $620 \times 3 =$

⑤ $261 \times 8 =$

⑥ $302 \times 9 =$

⑦ $151 \times 5 =$

⑧ $114 \times 2 =$

⑨ $293 \times 2 =$

⑩ $161 \times 9 =$

⑪ $424 \times 3 =$

⑫ $771 \times 7 =$

(세 자리 수)×(한 자리 수) ❶

A

월 일 /18

①

	5	7	1
×			9
5	1	3	9

6 ← 십의 자리에서 올림

백의 자리에서 올림

②

	2	0	0
×			8

③

	3	0	0
×			7

④

	8	0	4
×			9

⑤

	9	6	0
×			5

⑥

	9	2	4
×			2

⑦

	2	1	9
×			4

⑧

	2	2	0
×			5

⑨

	1	6	1
×			5

⑩

	3	6	3
×			3

⑪

	3	2	9
×			3

⑫

	9	5	1
×			6

⑬

	5	9	2
×			4

⑭

	8	0	3
×			5

⑮

	4	1	4
×			6

⑯

	1	5	1
×			2

⑰

	1	1	3
×			7

⑱

	6	3	8
×			2

(세 자리 수)×(한 자리 수) ❶

① $900 \times 5 =$

	9	0	0
×			5

② $320 \times 3 =$

③ $702 \times 6 =$

④ $230 \times 7 =$

⑤ $813 \times 2 =$

⑥ $651 \times 9 =$

⑦ $319 \times 4 =$

⑧ $515 \times 6 =$

⑨ $620 \times 7 =$

⑩ $123 \times 4 =$

⑪ $283 \times 2 =$

⑫ $414 \times 5 =$

(세 자리 수)×(한 자리 수) ❶

①

	7	2	3
×			3
2	1	6	9

↑ 백의 자리에서 올림

②

	4	0	0
×			6

③

	8	0	0
×			2

④

	3	0	6
×			8

⑤

	1	8	0
×			5

⑥

	2	5	0
×			4

⑦

	5	6	3
×			2

⑧

	2	1	1
×			9

⑨

	8	4	2
×			2

⑩

	1	1	5
×			6

⑪

	3	0	4
×			6

⑫

	1	2	5
×			3

⑬

	4	3	7
×			2

⑭

	5	2	8
×			3

⑮

	8	3	1
×			7

⑯

	5	4	7
×			2

⑰

	1	5	1
×			4

⑱

	6	0	2
×			9

44단계

(세 자리 수)×(한 자리 수) ❶

① $700 \times 9 =$

	7	0	0
×			9

⑤ $214 \times 3 =$

⑨ $430 \times 7 =$

② $806 \times 4 =$

⑥ $163 \times 2 =$

⑩ $292 \times 2 =$

③ $303 \times 6 =$

⑦ $371 \times 8 =$

⑪ $691 \times 8 =$

④ $710 \times 8 =$

⑧ $514 \times 5 =$

⑫ $107 \times 9 =$

(세 자리 수)×(한 자리 수) ❶

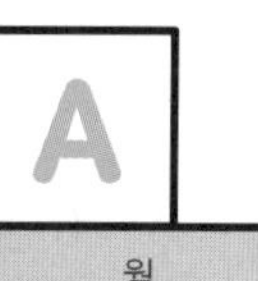

월 일 /18

①

	5	2	0
×			3
1	5	6	0

백의 자리에서 올림

⑦

	1	1	1
×			5

⑬

	1	9	3
×			3

②

	2	0	0
×			5

⑧

	3	1	8
×			3

⑭

	3	0	7
×			8

③

	4	0	0
×			3

⑨

	6	2	3
×			4

⑮

	2	8	1
×			6

④

	6	0	7
×			9

⑩

	9	2	5
×			2

⑯

	5	1	6
×			5

⑤

	9	0	4
×			8

⑪

	4	7	0
×			9

⑰

	1	2	1
×			8

⑥

	2	1	7
×			4

⑫

	7	1	4
×			7

⑱

	8	4	6
×			2

(세 자리 수)×(한 자리 수) ❶

① $800 \times 9 =$

	8	0	0
×			9

② $403 \times 7 =$

③ $190 \times 8 =$

④ $650 \times 6 =$

⑤ $171 \times 3 =$

⑥ $333 \times 2 =$

⑦ $402 \times 9 =$

⑧ $442 \times 4 =$

⑨ $516 \times 2 =$

⑩ $714 \times 4 =$

⑪ $925 \times 3 =$

⑫ $221 \times 8 =$

(세 자리 수)×(한 자리 수) ❶

A

월 일 /18

1 ← 십의 자리에서 올림

①

	3	7	2
×			2
	7	4	4

②

	6	0	0
×			5

③

	3	0	0
×			8

④

	4	0	8
×			9

⑤

	1	5	0
×			6

⑥

	6	4	0
×			7

⑦

	6	2	8
×			2

⑧

	7	4	1
×			6

⑨

	5	0	8
×			5

⑩

	3	1	5
×			4

⑪

	7	2	9
×			3

⑫

	2	5	3
×			2

⑬

	1	1	6
×			4

⑭

	5	6	3
×			3

⑮

	2	4	0
×			8

⑯

	9	3	1
×			7

⑰

	5	1	9
×			2

⑱

	1	0	5
×			9

44단계

(세 자리 수)×(한 자리 수) ❶

① $120 \times 4 =$

	1	2	0
×			4

② $500 \times 7 =$

③ $209 \times 2 =$

④ $130 \times 5 =$

⑤ $760 \times 3 =$

⑥ $172 \times 2 =$

⑦ $691 \times 6 =$

⑧ $814 \times 3 =$

⑨ $102 \times 9 =$

⑩ $451 \times 5 =$

⑪ $350 \times 8 =$

⑫ $618 \times 4 =$

▶ 학습계획 : 매일 공부할 날짜를 정하고, 계획에 맞게 공부하세요.

일차	1일차	2일차	3일차	4일차	5일차
날짜	/	/	/	/	/

▶ 학습연계 : 지금 무엇을 배우는지 확인하고, 이전에 배운 단계와 앞으로 배울 단계를 살펴보세요.

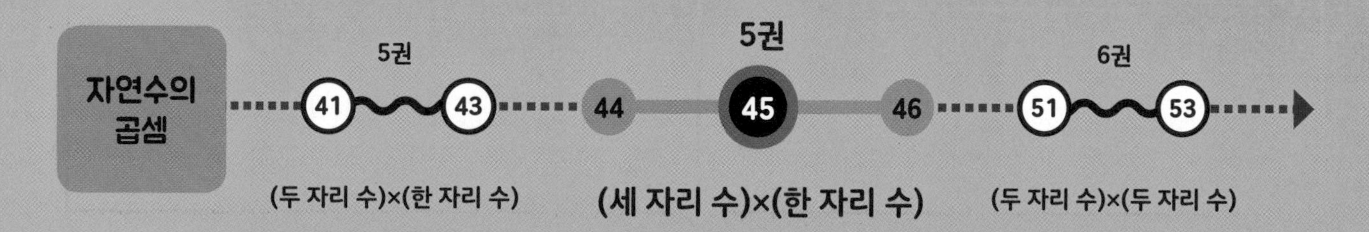

45 (세 자리 수)×(한 자리 수) ❷

올림이 여러 번 있어도 올림한 수를 차근차근 빠뜨리지 않고 계산해야 해요.

올림이 여러 번 있다고 당황하지 마세요. 계산을 좀 더 여러 번 할 뿐, 앞에서 배운 곱셈 방법과 똑같으니까요. 일의 자리, 십의 자리, 백의 자리 순서로 계산하고 각 자리에서 올림한 수를 작게 쓰면서 빠뜨리지 않고 계산하면 돼요.

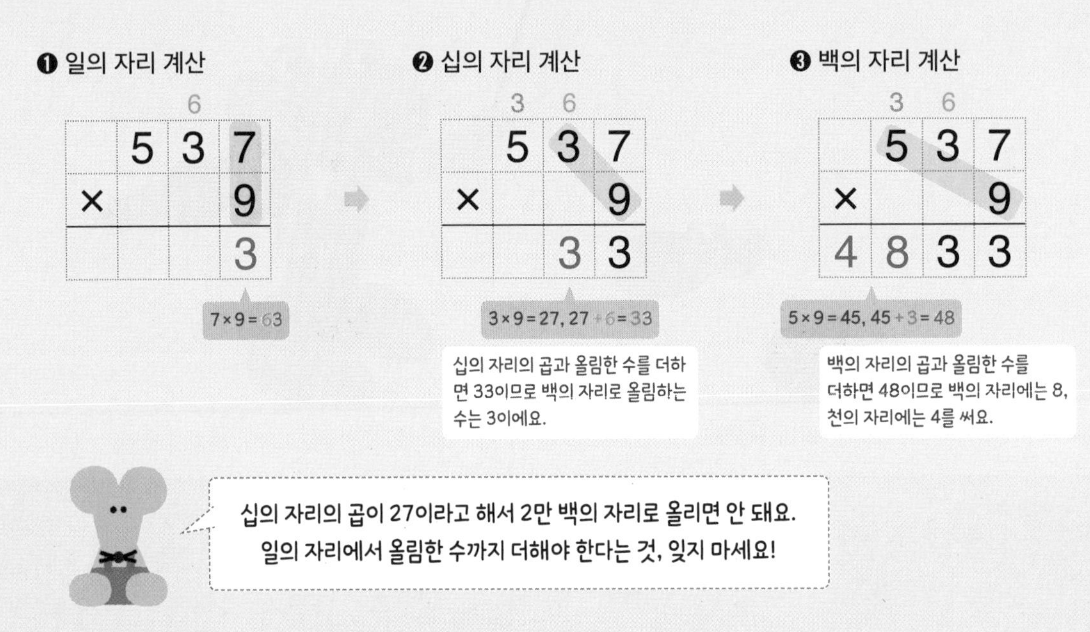

❶ 일의 자리 계산
6
5 3 7
× 9
3
7×9=63
❷ 십의 자리 계산
3 6
5 3 7
× 9
3 3
3×9=27, 27+6=33
십의 자리의 곱과 올림한 수를 더하면 33이므로 백의 자리로 올림하는 수는 3이에요.
❸ 백의 자리 계산
3 6
5 3 7
× 9
4 8 3 3
5×9=45, 45+3=48
백의 자리의 곱과 올림한 수를 더하면 48이므로 백의 자리에는 8, 천의 자리에는 4를 써요.
십의 자리의 곱이 27이라고 해서 2만 백의 자리로 올리면 안 돼요.
일의 자리에서 올림한 수까지 더해야 한다는 것, 잊지 마세요!

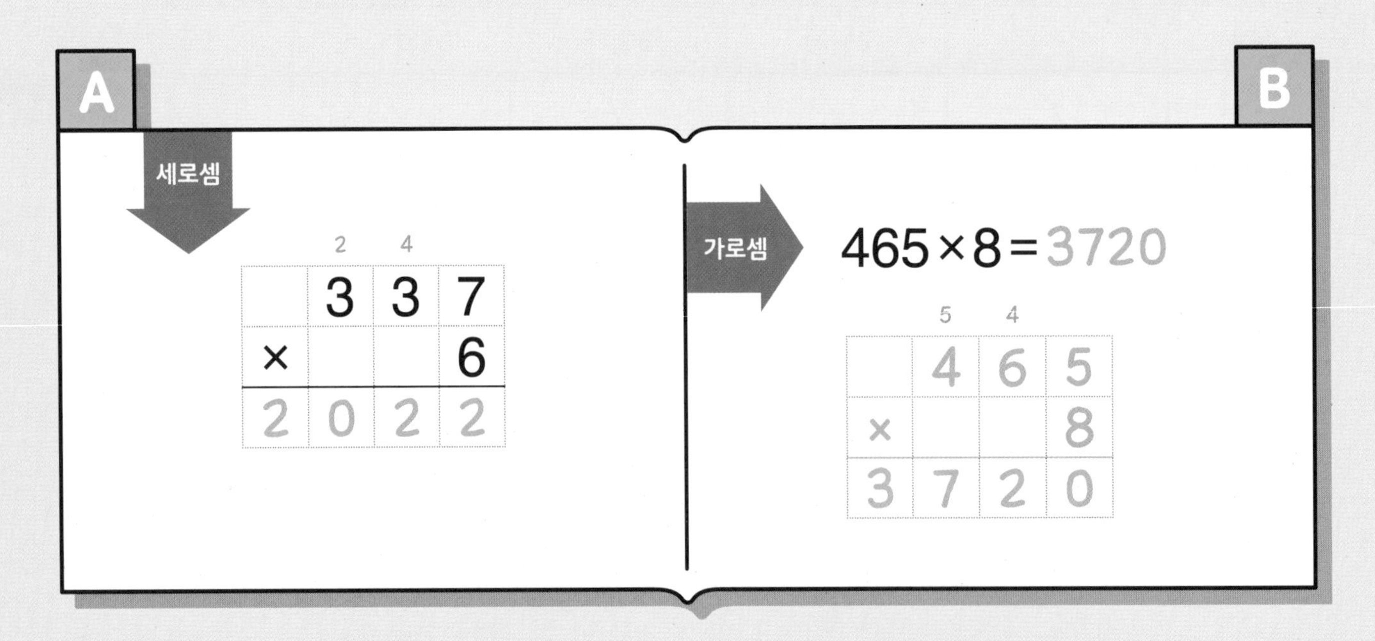

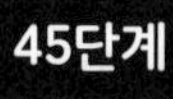

(세 자리 수)×(한 자리 수) ❷

A

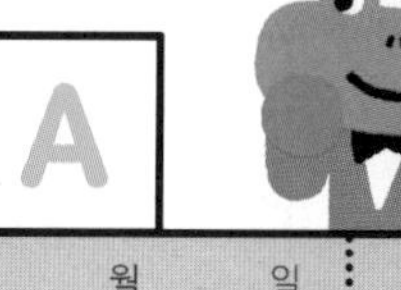

월 일 /18

①

	3	4	6
×			9
3	1	1	4

②

	5	6	3
×			8

③

	7	6	7
×			7

④

	2	5	5
×			9

⑤

	4	4	3
×			7

⑥

	2	8	9
×			7

⑦

	7	3	4
×			3

⑧

	2	7	2
×			7

⑨

	4	8	4
×			6

⑩

	5	7	7
×			7

⑪

	2	5	6
×			9

⑫

	4	7	5
×			8

⑬

	5	4	3
×			7

⑭

	3	8	9
×			5

⑮

	3	9	9
×			9

⑯

	4	9	7
×			7

⑰

	7	6	3
×			8

⑱

	6	2	7
×			8

(세 자리 수)×(한 자리 수) ❷

① 789×4=

② 863×6=

③ 449×7=

④ 334×6=

⑤ 397×8=

⑥ 275×9=

⑦ 684×6=

⑧ 444×7=

⑨ 232×9=

⑩ 659×8=

⑪ 457×9=

⑫ 668×8=

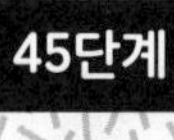

(세 자리 수)×(한 자리 수) ②

A

월 일 /18

①

	2	2	
	4	3	4
×			6
2	6	0	4

②

	3	7	7
×			6

③

	7	9	5
×			4

④

	8	6	3
×			7

⑤

	4	7	3
×			7

⑥

	3	3	7
×			9

⑦

	8	4	4
×			7

⑧

	4	8	9
×			8

⑨

	2	9	7
×			9

⑩

	7	8	3
×			4

⑪

	8	9	8
×			2

⑫

	4	4	9
×			9

⑬

	7	5	7
×			9

⑭

	2	1	3
×			8

⑮

	4	5	5
×			7

⑯

	3	9	6
×			6

⑰

	6	6	8
×			9

⑱

	3	8	5
×			6

(세 자리 수)×(한 자리 수) ❷

B

월 일 /12

① $679 \times 6 =$

	6	7	9
×			6

② $454 \times 7 =$

③ $334 \times 9 =$

④ $474 \times 7 =$

⑤ $585 \times 7 =$

⑥ $363 \times 9 =$

⑦ $445 \times 5 =$

⑧ $778 \times 4 =$

⑨ $699 \times 2 =$

⑩ $996 \times 3 =$

⑪ $758 \times 4 =$

⑫ $652 \times 6 =$

3 Day (세 자리 수)×(한 자리 수) ❷

A

월 일 /18

① 345 × 7 = 2415 (carries: 3, 3)

	3	4	5
×			7
2	4	1	5

② 989 × 9

③ 387 × 8

④ 466 × 7

⑤ 369 × 6

⑥ 766 × 8

⑦ 558 × 7

⑧ 213 × 9

⑨ 588 × 9

⑩ 392 × 6

⑪ 625 × 8

⑫ 275 × 4

⑬ 465 × 8

⑭ 678 × 4

⑮ 768 × 7

⑯ 296 × 8

⑰ 345 × 9

⑱ 478 × 7

(세 자리 수)×(한 자리 수) ❷

① 387×9=

	3	8	7
×			9

② 676×6=

③ 269×8=

④ 446×7=

⑤ 492×7=

⑥ 883×7=

⑦ 128×8=

⑧ 759×7=

⑨ 874×7=

⑩ 496×9=

⑪ 638×8=

⑫ 667×3=

(세 자리 수)×(한 자리 수) ❷

A

월 일 /18

①
	3	6	6
×			8
2	9	2	8

(받아올림: 5, 4)

②
	6	8	6
×			7

③
	4	6	4
×			9

④
	1	7	8
×			8

⑤
	6	8	7
×			6

⑥
	3	3	5
×			9

⑦
	5	7	5
×			4

⑧
	8	6	9
×			8

⑨
	6	7	2
×			8

⑩
	7	8	3
×			8

⑪
	4	7	6
×			9

⑫
	1	1	7
×			9

⑬
	3	1	4
×			8

⑭
	7	2	8
×			8

⑮
	3	9	8
×			8

⑯
	7	6	2
×			7

⑰
	1	6	9
×			9

⑱
	8	3	8
×			6

(세 자리 수)×(한 자리 수) ❷

B

월 일 /12

① 453×9=

	4	5	3
×			9

⑤ 378×6=

⑨ 675×9=

② 494×7=

⑥ 538×9=

⑩ 662×8=

③ 159×9=

⑦ 367×6=

⑪ 275×8=

④ 287×7=

⑧ 278×9=

⑫ 119×9=

(세 자리 수)×(한 자리 수) ❷

A

월 일 /18

①
	2	8	7
×			6
1	7	2	2

(올림: 5, 4)

②
	4	3	8
×			6

③
	2	7	2
×			8

④
	6	4	3
×			8

⑤
	1	2	6
×			8

⑥
	7	7	6
×			4

⑦
	4	7	8
×			8

⑧
	5	1	7
×			9

⑨
	3	9	8
×			6

⑩
	2	6	2
×			9

⑪
	3	3	6
×			3

⑫
	2	7	9
×			4

⑬
	7	6	9
×			9

⑭
	9	2	6
×			4

⑮
	7	5	6
×			7

⑯
	4	8	2
×			7

⑰
	1	4	7
×			7

⑱
	6	3	9
×			3

45단계

(세 자리 수)×(한 자리 수) ❷

① $469 \times 7 =$

	4	6	9
×			7

② $697 \times 6 =$

③ $389 \times 3 =$

④ $247 \times 9 =$

⑤ $372 \times 9 =$

⑥ $476 \times 7 =$

⑦ $429 \times 4 =$

⑧ $167 \times 9 =$

⑨ $374 \times 6 =$

⑩ $694 \times 5 =$

⑪ $126 \times 9 =$

⑫ $382 \times 8 =$

▶ 학습계획 : 매일 공부할 날짜를 정하고, 계획에 맞게 공부하세요.

일차	1일차	2일차	3일차	4일차	5일차
날짜	/	/	/	/	/

▶ 학습연계 : 지금 무엇을 배우는지 확인하고, 이전에 배운 단계와 앞으로 배울 단계를 살펴보세요.

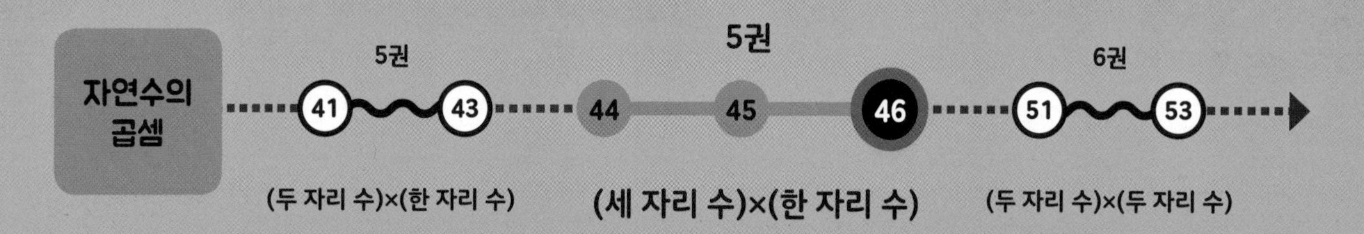

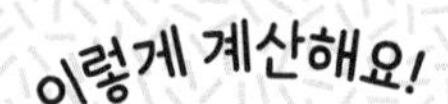

곱셈 종합

곱셈은 오른쪽부터 일, 십, 백의 자리 순서로 계산해요.

곱셈은 전체의 수를 구하는 계산이에요. 작은 수들을 묶어서 큰 수로 만들어 가는 과정이죠. 만약 큰 수를 먼저 묶고 작은 수를 나중에 묶으면 작은 수를 큰 수로 묶을 때마다 큰 수를 다시 계산해야 되겠죠? 그래서 곱셈은 오른쪽에서 왼쪽으로, 아랫자리에서 올림한 수를 윗자리에 더하면서 차근차근 계산해야 해요.

46단계에서는 지금까지 배운 곱셈을 종합적으로 연습하면서 부족한 부분이 없는지 살펴보세요.

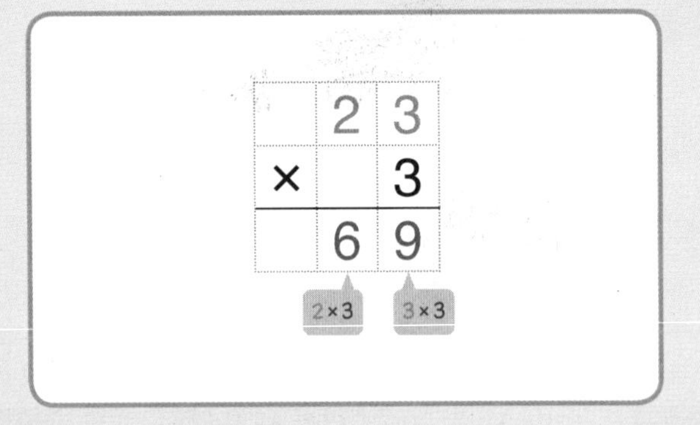

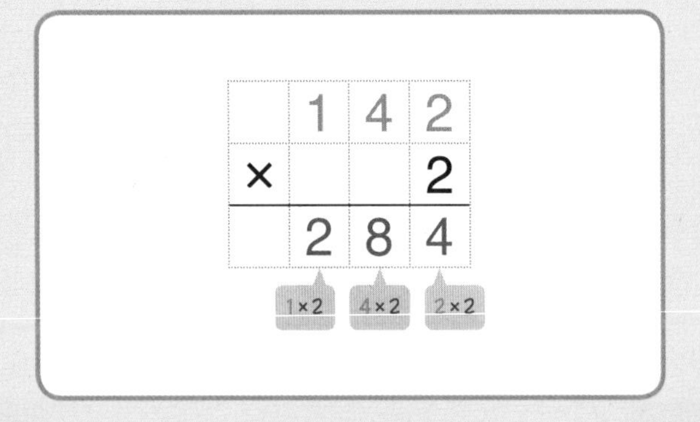

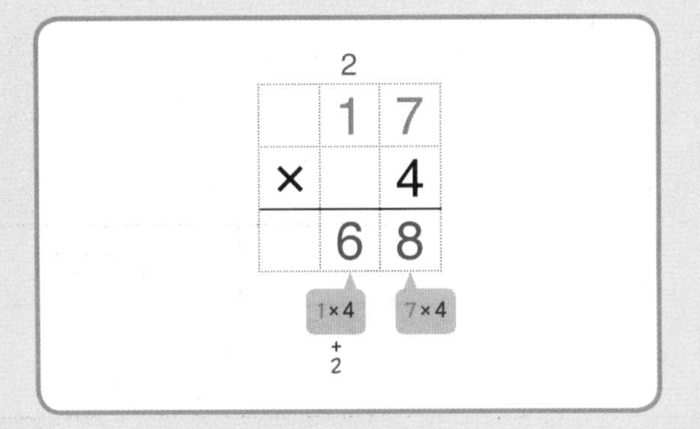

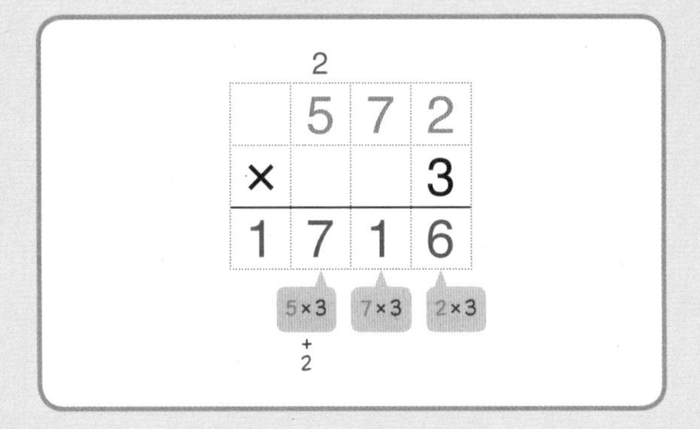

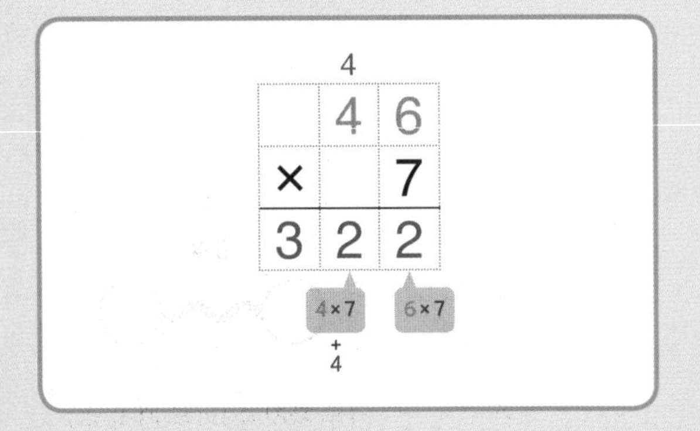

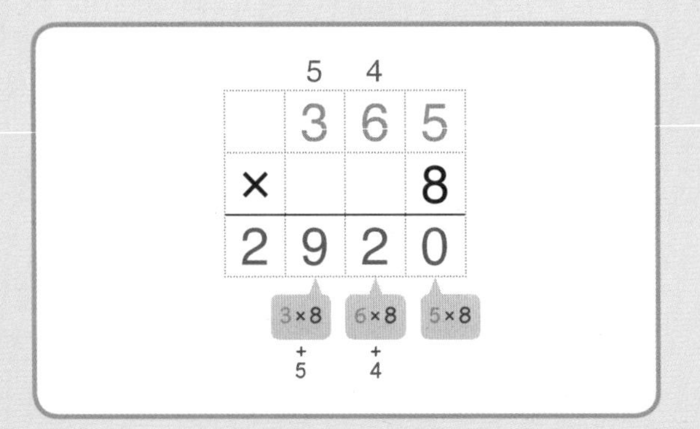

46단계

1 Day

곱셈 종합

A

월 일 /24

1

① $52 \times 7 = 364$

② 35×4

③ 40×6

④ 78×6

⑤ 20×7

⑥ 47×9

⑦ 23×8

⑧ 36×6

⑨ 50×8

⑩ 54×7

⑪ 65×8

⑫ 37×5

⑬ 357×6

⑭ 284×3

⑮ 406×8

⑯ 579×4

⑰ 400×5

⑱ 743×7

⑲ 320×4

⑳ 600×8

㉑ 432×9

㉒ 274×5

㉓ 706×6

㉔ 834×5

곱셈 종합

① $236 \times 6 =$

	2	3	6
×			6

⑤ $48 \times 4 =$

⑨ $456 \times 4 =$

② $52 \times 4 =$

⑥ $255 \times 6 =$

⑩ $278 \times 3 =$

③ $382 \times 7 =$

⑦ $67 \times 5 =$

⑪ $39 \times 6 =$

④ $27 \times 5 =$

⑧ $356 \times 8 =$

⑫ $506 \times 7 =$

2 Day 곱셈 종합

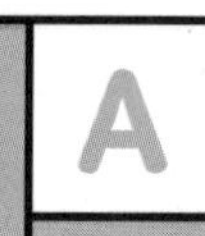

월 일 /24

① 36 × 8 = 288 (carry 4)

⑦ 44 × 7

⑬ 256 × 4

⑲ 241 × 2

② 42 × 6

⑧ 66 × 4

⑭ 307 × 3

⑳ 464 × 7

③ 52 × 4

⑨ 28 × 6

⑮ 514 × 6

㉑ 721 × 9

④ 86 × 4

⑩ 45 × 6

⑯ 460 × 3

㉒ 530 × 8

⑤ 60 × 9

⑪ 73 × 5

⑰ 700 × 4

㉓ 308 × 7

⑥ 27 × 8

⑫ 38 × 4

⑱ 528 × 6

㉔ 256 × 3

곱셈 종합

① $306\times4=$

② $520\times6=$

③ $832\times6=$

④ $74\times4=$

⑤ $83\times5=$

⑥ $205\times8=$

⑦ $8\times50=$

⑧ $563\times7=$

⑨ $467\times5=$

⑩ $71\times3=$

⑪ $94\times4=$

⑫ $604\times5=$

곱셈 종합

① $\begin{array}{r} {}^{3} \\ 37 \\ \times\ \ 5 \\ \hline 185 \end{array}$

② 56×4

③ 62×7

④ 83×4

⑤ 40×8

⑥ 27×8

⑦ 33×6

⑧ 47×3

⑨ 90×7

⑩ 34×6

⑪ 74×7

⑫ 45×7

⑬ 238×4

⑭ 862×4

⑮ 507×3

⑯ 746×8

⑰ 800×4

⑱ 475×9

⑲ 486×4

⑳ 625×7

㉑ 300×9

㉒ 734×4

㉓ 862×5

㉔ 903×6

곱셈 종합

① 726×4=

	7	2	6
×			4

⑤ 96×2=

⑨ 46×9=

② 52×4=

⑥ 44×6=

⑩ 376×3=

③ 428×7=

⑦ 607×6=

⑪ 39×6=

④ 570×3=

⑧ 469×7=

⑫ 309×5=

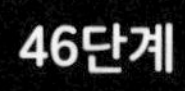

곱셈 종합

A

월 일 /24

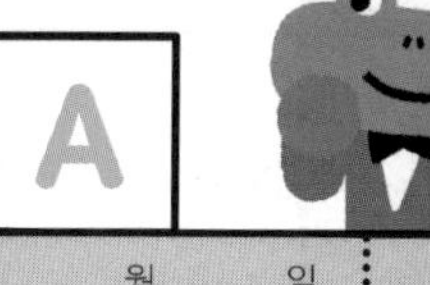

① 2 (carry) $65 \times 4 = 260$

② 57×3

③ 38×4

④ 96×4

⑤ 43×8

⑥ 50×7

⑦ 46×3

⑧ 76×2

⑨ 45×9

⑩ 67×6

⑪ 55×7

⑫ 29×7

⑬ 148×4

⑭ 804×6

⑮ 270×3

⑯ 745×8

⑰ 408×8

⑱ 474×3

⑲ 160×5

⑳ 814×7

㉑ 263×5

㉒ 642×3

㉓ 824×4

㉔ 940×6

46단계

곱셈 종합

월 일 /12

① 517×4=

	5	1	7
×			4

② 20×9=

③ 83×5=

④ 247×6=

⑤ 437×6=

⑥ 84×4=

⑦ 607×3=

⑧ 540×7=

⑨ 56×7=

⑩ 643×3=

⑪ 88×6=

⑫ 678×7=

5 Day 곱셈 종합

A

월 일 /24

① 86 × 6 = 516 (받아올림 3)

② 57 × 3

③ 62 × 4

④ 53 × 7

⑤ 24 × 6

⑥ 60 × 8

⑦ 41 × 5

⑧ 62 × 8

⑨ 46 × 4

⑩ 82 × 8

⑪ 70 × 8

⑫ 45 × 5

⑬ 264 × 3

⑭ 804 × 4

⑮ 532 × 5

⑯ 720 × 6

⑰ 447 × 4

⑱ 605 × 7

⑲ 533 × 7

⑳ 823 × 5

㉑ 904 × 9

㉒ 273 × 6

㉓ 834 × 3

㉔ 360 × 9

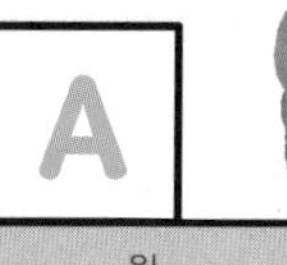

46단계

곱셈 종합

① $604 \times 5 =$

	6	0	4
×			5

② $534 \times 2 =$

③ $63 \times 6 =$

④ $717 \times 8 =$

⑤ $823 \times 4 =$

⑥ $50 \times 6 =$

⑦ $709 \times 3 =$

⑧ $460 \times 5 =$

⑨ $53 \times 8 =$

⑩ $820 \times 7 =$

⑪ $29 \times 4 =$

⑫ $368 \times 5 =$

47
단계

나눗셈 기초

▶ 학습계획 : 매일 공부할 날짜를 정하고, 계획에 맞게 공부하세요.

일차	1일차	2일차	3일차	4일차	5일차
날짜	/	/	/	/	/

▶ 학습연계 : 지금 무엇을 배우는지 확인하고, 이전에 배운 단계와 앞으로 배울 단계를 살펴보세요.

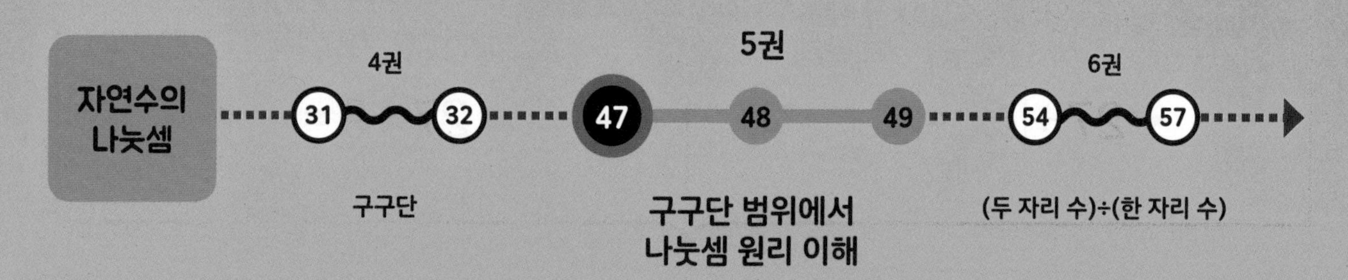

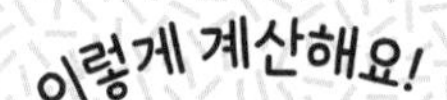

나눗셈 기초

나눗셈은 똑같은 수를 여러 번 빼는 뺄셈의 또 다른 모습이에요.

6에서 2씩 덜어 내면 3번 덜어 낼 수 있어요. 뺄셈식으로 나타내면 6−2−2−2=0입니다.
이렇게 똑같은 수를 0이 될 때까지 여러 번 빼는 뺄셈식을 수학적으로 나눗셈식 6÷2=3이라고 약속해요.
나눗셈식에서 빼지는 수 6을 나누어지는 수, 빼는 수 2를 나누는 수, 뺀 횟수 3을 몫이라고 합니다.

$6-2-2-2=0$ → $6\div2=3$ (몫)

읽기 6 나누기 2는 3입니다.

곱셈식을 알면 나눗셈식도 알 수 있어요.

곱셈이 같은 수를 여러 번 더하는 것이라면 나눗셈은 반대로 같은 수를 여러 번 빼는 것입니다.
2를 3번 더하면 6이 됩니다.(2×3=6) 이것은 6에서 2를 3번 뺄 수 있음을 뜻합니다.(6÷2=3) 따라서 곱셈식을 보고 나눗셈식을 만들 수 있습니다. 반대로 나눗셈식을 보고 곱셈식을 만들 수도 있겠지요.

$2+2+2=6$ ⇔ $6-2-2-2=0$

3번 더함. / 3번 뺌.

$2\times\boxed{3}=6$ ⇔ $6\div2=\boxed{3}$

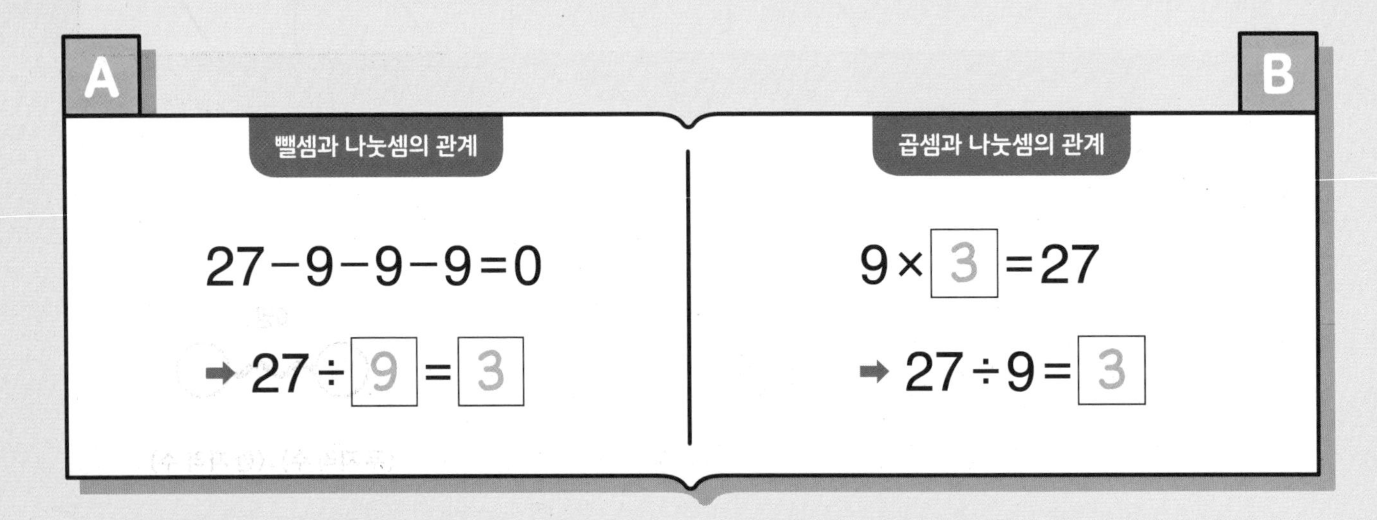

A
뺄셈과 나눗셈의 관계
27−9−9−9=0
➡ 27÷9=3
B
곱셈과 나눗셈의 관계
9×3=27
➡ 27÷9=3

나눗셈 기초

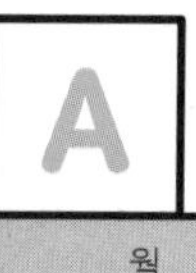

월 일 /10

$27-9-9-9=0$ ➡ $27\div 9=3$

①번 ②번 ③번

① $16-4-4-4-4=0$ ➡ $16\div\square=\square$

② $45-9-9-9-9-9=0$ ➡ $45\div\square=\square$

③ $42-7-7-7-7-7-7=0$ ➡ $42\div\square=\square$

④ $25-5-5-5-5-5=0$ ➡ $25\div\square=\square$

⑤ $18-2-2-2-2-2-2-2-2-2=0$ ➡ $18\div\square=\square$

⑥ $24-8-8-8=0$ ➡ $24\div\square=\square$

⑦ $42-6-6-6-6-6-6-6=0$ ➡ $42\div\square=\square$

⑧ $12-3-3-3-3=0$ ➡ $12\div\square=\square$

⑨ $32-4-4-4-4-4-4-4-4=0$ ➡ $32\div\square=\square$

⑩ $14-7-7=0$ ➡ $14\div\square=\square$

나눗셈 기초

5가 나누는 수가 되면

① $5\times\boxed{3}=15 \Rightarrow 15\div5=\boxed{3}$

□는 몫이 돼요.

② $7\times\square=63 \Rightarrow 63\div7=\square$

③ $2\times\square=8 \Rightarrow 8\div2=\square$

④ $8\times\square=32 \Rightarrow 32\div8=\square$

⑤ $9\times\square=81 \Rightarrow 81\div9=\square$

⑥ $4\times\square=20 \Rightarrow 20\div4=\square$

⑦ $3\times\square=15 \Rightarrow 15\div3=\square$

⑧ $5\times\square=35 \Rightarrow 35\div5=\square$

⑨ $6\times\square=54 \Rightarrow 54\div6=\square$

⑩ $2\times\square=14 \Rightarrow 14\div2=\square$

⑪ $9\times\square=72 \Rightarrow 72\div9=\square$

⑫ $6\times\square=48 \Rightarrow 48\div6=\square$

⑬ $3\times\square=27 \Rightarrow 27\div3=\square$

⑭ $4\times\square=8 \Rightarrow 8\div4=\square$

⑮ $7\times\square=28 \Rightarrow 28\div7=\square$

⑯ $8\times\square=64 \Rightarrow 64\div8=\square$

⑰ $5\times\square=20 \Rightarrow 20\div5=\square$

⑱ $9\times\square=54 \Rightarrow 54\div9=\square$

⑲ $3\times\square=18 \Rightarrow 18\div3=\square$

⑳ $2\times\square=18 \Rightarrow 18\div2=\square$

2 Day 나눗셈 기초

A

월 일 /10

$27-9-9-9=0$ ➡ $27 \div 9 = \boxed{3}$

①번 ②번 ③번

① $9-9=0$ ➡ $9 \div \square = \square$

② $9-3-3-3=0$ ➡ $9 \div \square = \square$

③ $49-7-7-7-7-7-7-7=0$ ➡ $49 \div \square = \square$

④ $24-6-6-6-6=0$ ➡ $24 \div \square = \square$

⑤ $40-5-5-5-5-5-5-5-5=0$ ➡ $40 \div \square = \square$

⑥ $10-2-2-2-2-2=0$ ➡ $10 \div \square = \square$

⑦ $72-8-8-8-8-8-8-8-8-8=0$ ➡ $72 \div \square = \square$

⑧ $8-2-2-2-2=0$ ➡ $8 \div \square = \square$

⑨ $6-1-1-1-1-1-1=0$ ➡ $6 \div \square = \square$

⑩ $28-4-4-4-4-4-4-4=0$ ➡ $28 \div \square = \square$

나눗셈 기초

① $2\times\boxed{6}=12 \Rightarrow 12\div2=\boxed{6}$ (2가 나누는 수가 되면 / □는 몫이 돼요.)

② $7\times\square=56 \Rightarrow 56\div7=\square$

③ $9\times\square=27 \Rightarrow 27\div9=\square$

④ $6\times\square=12 \Rightarrow 12\div6=\square$

⑤ $5\times\square=45 \Rightarrow 45\div5=\square$

⑥ $4\times\square=36 \Rightarrow 36\div4=\square$

⑦ $8\times\square=56 \Rightarrow 56\div8=\square$

⑧ $3\times\square=21 \Rightarrow 21\div3=\square$

⑨ $2\times\square=4 \Rightarrow 4\div2=\square$

⑩ $5\times\square=30 \Rightarrow 30\div5=\square$

⑪ $2\times\square=6 \Rightarrow 6\div2=\square$

⑫ $4\times\square=16 \Rightarrow 16\div4=\square$

⑬ $8\times\square=72 \Rightarrow 72\div8=\square$

⑭ $5\times\square=10 \Rightarrow 10\div5=\square$

⑮ $9\times\square=36 \Rightarrow 36\div9=\square$

⑯ $6\times\square=24 \Rightarrow 24\div6=\square$

⑰ $7\times\square=35 \Rightarrow 35\div7=\square$

⑱ $9\times\square=18 \Rightarrow 18\div9=\square$

⑲ $9\times\square=63 \Rightarrow 63\div9=\square$

⑳ $5\times\square=40 \Rightarrow 40\div5=\square$

3 Day

나눗셈 기초

A

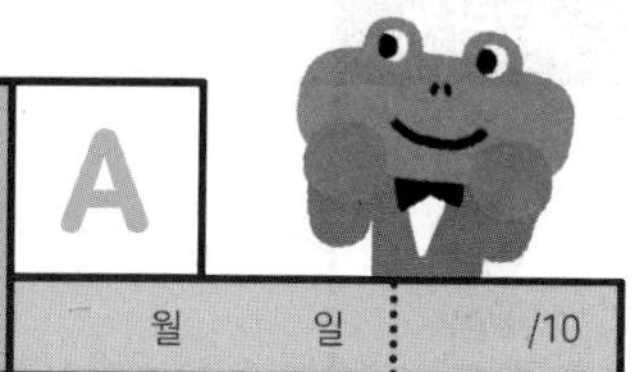

월 일 /10

$27-9-9-9=0$ (①번 ②번 ③번) ➡ $27 \div 9 = \boxed{3}$

① $42-6-6-6-6-6-6-6=0$ ➡ $42 \div \square = \square$

② $24-4-4-4-4-4-4=0$ ➡ $24 \div \square = \square$

③ $5-5=0$ ➡ $5 \div \square = \square$

④ $15-3-3-3-3-3=0$ ➡ $15 \div \square = \square$

⑤ $72-9-9-9-9-9-9-9-9=0$ ➡ $72 \div \square = \square$

⑥ $16-8-8=0$ ➡ $16 \div \square = \square$

⑦ $30-5-5-5-5-5-5=0$ ➡ $30 \div \square = \square$

⑧ $63-7-7-7-7-7-7-7-7-7=0$ ➡ $63 \div \square = \square$

⑨ $6-2-2-2=0$ ➡ $6 \div \square = \square$

⑩ $64-8-8-8-8-8-8-8-8=0$ ➡ $64 \div \square = \square$

나눗셈 기초

5가 나누는 수가 되면

① $5\times\boxed{5}=25 \Rightarrow 25\div5=\boxed{5}$

□는 몫이 돼요.

② $8\times\square=16 \Rightarrow 16\div8=\square$

③ $7\times\square=49 \Rightarrow 49\div7=\square$

④ $6\times\square=36 \Rightarrow 36\div6=\square$

⑤ $2\times\square=16 \Rightarrow 16\div2=\square$

⑥ $3\times\square=9 \Rightarrow 9\div3=\square$

⑦ $4\times\square=28 \Rightarrow 28\div4=\square$

⑧ $9\times\square=45 \Rightarrow 45\div9=\square$

⑨ $3\times\square=24 \Rightarrow 24\div3=\square$

⑩ $7\times\square=42 \Rightarrow 42\div7=\square$

⑪ $2\times\square=2 \Rightarrow 2\div2=\square$

⑫ $4\times\square=32 \Rightarrow 32\div4=\square$

⑬ $5\times\square=40 \Rightarrow 40\div5=\square$

⑭ $8\times\square=48 \Rightarrow 48\div8=\square$

⑮ $7\times\square=21 \Rightarrow 21\div7=\square$

⑯ $6\times\square=42 \Rightarrow 42\div6=\square$

⑰ $4\times\square=12 \Rightarrow 12\div4=\square$

⑱ $9\times\square=9 \Rightarrow 9\div9=\square$

⑲ $8\times\square=24 \Rightarrow 24\div8=\square$

⑳ $6\times\square=30 \Rightarrow 30\div6=\square$

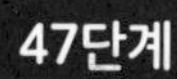

나눗셈 기초

A

월 일 /10

$27-9-9-9=0$ ➡ $27 \div 9 = \boxed{3}$

①번 ②번 ③번

① $48-6-6-6-6-6-6-6-6=0$ ➡ $48 \div \square = \square$

② $15-5-5-5=0$ ➡ $15 \div \square = \square$

③ $7-7=0$ ➡ $7 \div \square = \square$

④ $21-3-3-3-3-3-3-3=0$ ➡ $21 \div \square = \square$

⑤ $40-8-8-8-8-8=0$ ➡ $40 \div \square = \square$

⑥ $36-9-9-9-9=0$ ➡ $36 \div \square = \square$

⑦ $8-4-4=0$ ➡ $8 \div \square = \square$

⑧ $3-1-1-1=0$ ➡ $3 \div \square = \square$

⑨ $12-2-2-2-2-2-2=0$ ➡ $12 \div \square = \square$

⑩ $54-6-6-6-6-6-6-6-6-6=0$ ➡ $54 \div \square = \square$

47단계

나눗셈 기초

B

월 일 /20

3이 나누는 수가 되면

① $3\times\boxed{2}=6 \rightarrow 6\div3=\boxed{2}$

□는 몫이 돼요.

② $8\times\square=72 \rightarrow 72\div8=\square$

③ $7\times\square=14 \rightarrow 14\div7=\square$

④ $4\times\square=24 \rightarrow 24\div4=\square$

⑤ $5\times\square=35 \rightarrow 35\div5=\square$

⑥ $9\times\square=54 \rightarrow 54\div9=\square$

⑦ $2\times\square=18 \rightarrow 18\div2=\square$

⑧ $7\times\square=28 \rightarrow 28\div7=\square$

⑨ $6\times\square=42 \rightarrow 42\div6=\square$

⑩ $5\times\square=20 \rightarrow 20\div5=\square$

⑪ $9\times\square=27 \rightarrow 27\div9=\square$

⑫ $6\times\square=18 \rightarrow 18\div6=\square$

⑬ $3\times\square=15 \rightarrow 15\div3=\square$

⑭ $2\times\square=8 \rightarrow 8\div2=\square$

⑮ $4\times\square=36 \rightarrow 36\div4=\square$

⑯ $7\times\square=42 \rightarrow 42\div7=\square$

⑰ $8\times\square=16 \rightarrow 16\div8=\square$

⑱ $5\times\square=45 \rightarrow 45\div5=\square$

⑲ $3\times\square=12 \rightarrow 12\div3=\square$

⑳ $2\times\square=10 \rightarrow 10\div2=\square$

나눗셈 기초

A

월 일 /10

$27-9-9-9=0$ ➡ $27 \div 9 = \boxed{3}$

①번 ②번 ③번

① $3-3=0$ ➡ $3 \div \square = \square$

② $36-4-4-4-4-4-4-4-4-4=0$ ➡ $36 \div \square = \square$

③ $24-3-3-3-3-3-3-3-3=0$ ➡ $24 \div \square = \square$

④ $12-6-6=0$ ➡ $12 \div \square = \square$

⑤ $45-5-5-5-5-5-5-5-5-5=0$ ➡ $45 \div \square = \square$

⑥ $12-4-4-4=0$ ➡ $12 \div \square = \square$

⑦ $14-2-2-2-2-2-2-2=0$ ➡ $14 \div \square = \square$

⑧ $35-7-7-7-7-7=0$ ➡ $35 \div \square = \square$

⑨ $32-8-8-8-8=0$ ➡ $32 \div \square = \square$

⑩ $54-9-9-9-9-9-9=0$ ➡ $54 \div \square = \square$

47단계

5 Day

나눗셈 기초

B

월 일 /20

3이 나누는 수가 되면

① $3\times\boxed{9}=27 \Rightarrow 27\div3=\boxed{9}$

□는 몫이 돼요.

② $6\times\square=12 \Rightarrow 12\div6=\square$

③ $9\times\square=63 \Rightarrow 63\div9=\square$

④ $4\times\square=20 \Rightarrow 20\div4=\square$

⑤ $7\times\square=21 \Rightarrow 21\div7=\square$

⑥ $8\times\square=72 \Rightarrow 72\div8=\square$

⑦ $2\times\square=14 \Rightarrow 14\div2=\square$

⑧ $5\times\square=30 \Rightarrow 30\div5=\square$

⑨ $8\times\square=8 \Rightarrow 8\div8=\square$

⑩ $9\times\square=18 \Rightarrow 18\div9=\square$

⑪ $5\times\square=25 \Rightarrow 25\div5=\square$

⑫ $4\times\square=12 \Rightarrow 12\div4=\square$

⑬ $7\times\square=35 \Rightarrow 35\div7=\square$

⑭ $8\times\square=48 \Rightarrow 48\div8=\square$

⑮ $3\times\square=24 \Rightarrow 24\div3=\square$

⑯ $6\times\square=48 \Rightarrow 48\div6=\square$

⑰ $9\times\square=81 \Rightarrow 81\div9=\square$

⑱ $2\times\square=12 \Rightarrow 12\div2=\square$

⑲ $4\times\square=8 \Rightarrow 8\div4=\square$

⑳ $8\times\square=32 \Rightarrow 32\div8=\square$

48
단계
구구단 범위에서의
나눗셈 ❶

▶ 학습계획 : 매일 공부할 날짜를 정하고, 계획에 맞게 공부하세요.

일차	1일차	2일차	3일차	4일차	5일차
날짜	/	/	/	/	/

▶ 학습연계 : 지금 무엇을 배우는지 확인하고, 이전에 배운 단계와 앞으로 배울 단계를 살펴보세요.

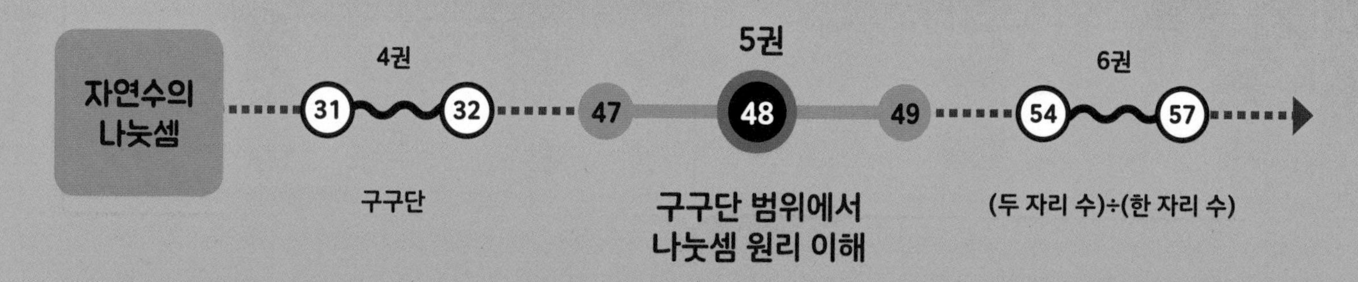

구구단 범위에서의 나눗셈 ❶

곱셈구구를 이용하여 몫을 구해요.

나눗셈의 몫을 구할 때 나누는 수의 곱셈구구를 이용하여 곱이 나누어지는 수가 되는 곱셈식을 찾아요.
÷2일 때는 2단을, ÷5일 때는 5단을, ÷9일 때는 9단을 외워서 몫을 구하면 되겠죠?

$12 \div 3 = \boxed{4}$ (3단 ↓, 몫은 4 ↑) $3 \times \boxed{4} = 12$

3×1=3
3×2=6
3×3=9
3×4=12

$24 \div 8 = \boxed{3}$ (8단 ↓, 몫은 3 ↑) $8 \times \boxed{3} = 24$

8×1=8
8×2=16
8×3=24

세로 형식으로 나눗셈을 계산할 때는 몫을 위쪽에 써요.

덧셈, 뺄셈, 곱셈처럼 나눗셈도 세로셈을 할 수 있어요.
다만 덧셈, 뺄셈, 곱셈은 계산 결과를 아래쪽에 쓰지만 나눗셈은 위쪽에 써야 해요.
나눗셈을 세로로 계산할 때에는 기호 $\overline{)}$를 쓰고, $\overline{)}$의 위쪽에 몫을 쓰세요.

		4
3)	1	2

← 나눗셈의 몫은 위쪽에 쓰세요!

주의

$\begin{array}{r} \cancel{4} \\ 3\overline{)1\,2} \end{array}$ ← 몫이 4이므로
일의 자리에 써야 해요.

A

가로셈

$12 \div 2 = \boxed{6}$

$2 \times \boxed{6} = 12$

B

세로셈

$\begin{array}{r} 4 \\ 7\overline{)2\,8} \end{array}$

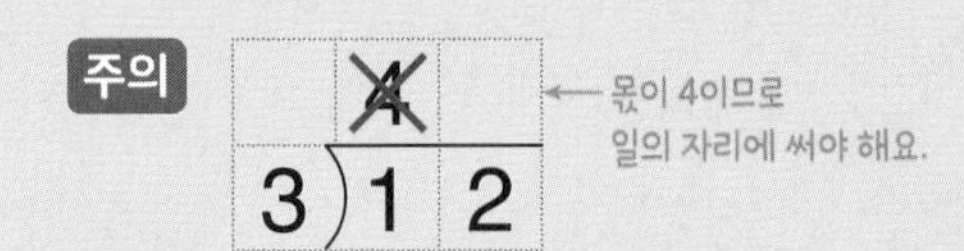

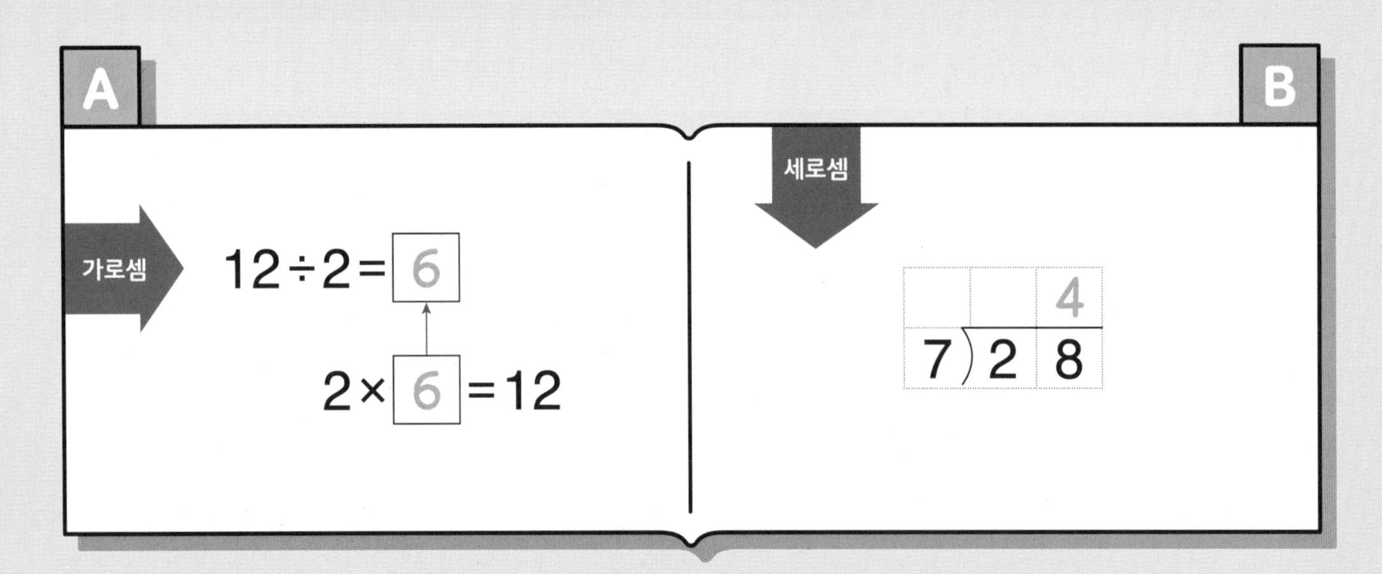

48단계

1 Day

구구단 범위에서의 나눗셈 ❶

A

월 일 /30

2단 곱셈구구에서 곱이 10이 되는 곱셈식은?

① 10÷2= 5

2×5=10

② 21÷7= □

③ 24÷3= □

④ 36÷4= □

⑤ 45÷9= □

⑥ 14÷7= □

⑦ 42÷6= □

⑧ 48÷8= □

⑨ 5÷5= □

⑩ 16÷4= □

⑪ 28÷4= □

⑫ 54÷6= □

⑬ 15÷5= □

⑭ 72÷8= □

⑮ 63÷7= □

⑯ 40÷5= □

⑰ 15÷3= □

⑱ 18÷9= □

⑲ 6÷2= □

⑳ 20÷5= □

㉑ 6÷3= □

㉒ 24÷6= □

㉓ 16÷2= □

㉔ 49÷7= □

㉕ 36÷9= □

㉖ 12÷4= □

㉗ 32÷8= □

㉘ 45÷5= □

㉙ 36÷6= □

㉚ 8÷8= □

48단계

구구단 범위에서의 나눗셈 ❶

월 일 /24

몫은 꼭 자리에 맞추어서 쓰세요!

① 5)40, 몫: 8 (0 × 8)

② 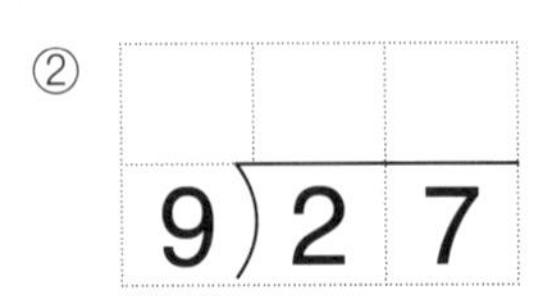 9)27

③ 3)15

④ 7)42

⑤ 6)48

⑥ 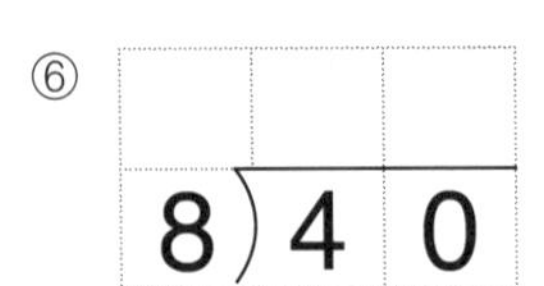 8)40

⑦ 2)14

⑧ 4)32

⑨ 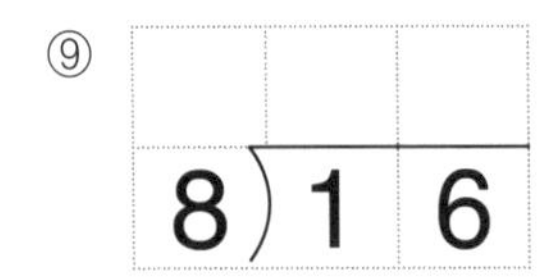 8)16

⑩ 2)18

⑪ 6)6

⑫ 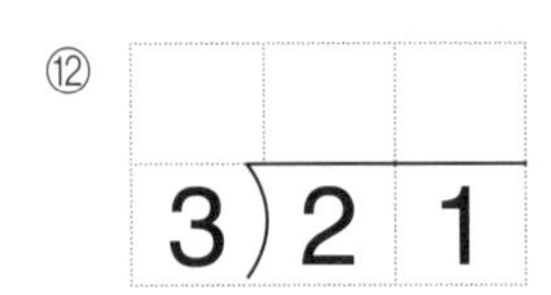 3)21

⑬ 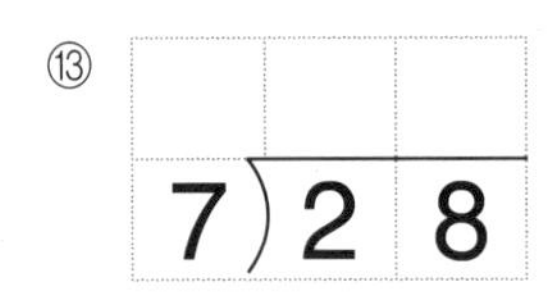 7)28

⑭ 8)24

⑮ 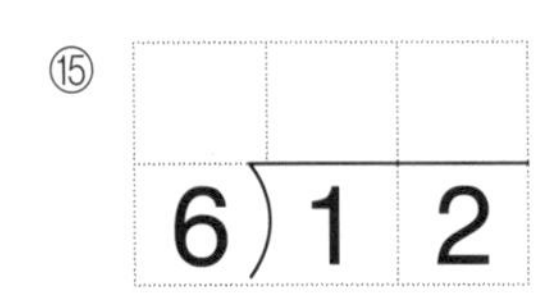 6)12

⑯ 9)54

⑰ 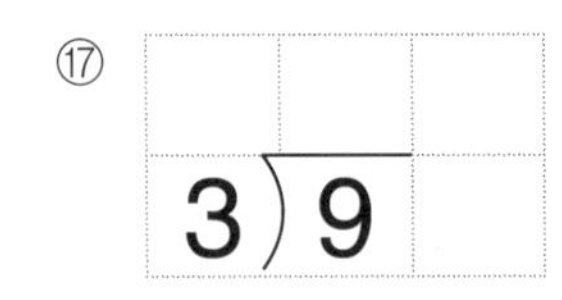 3)9

⑱ 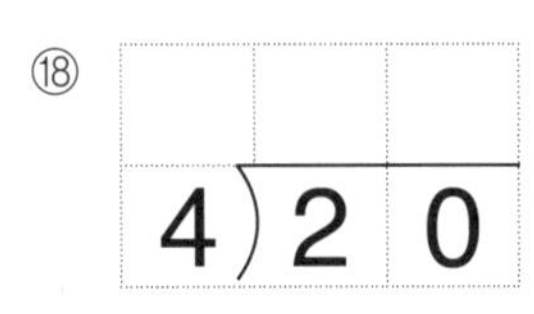 4)20

⑲ 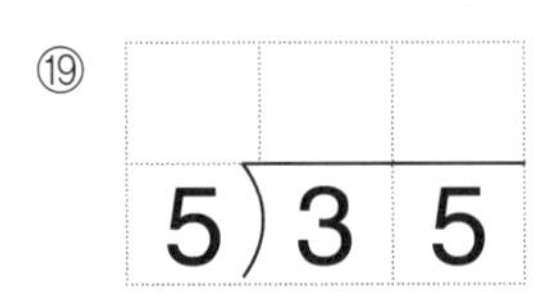 5)35

⑳ 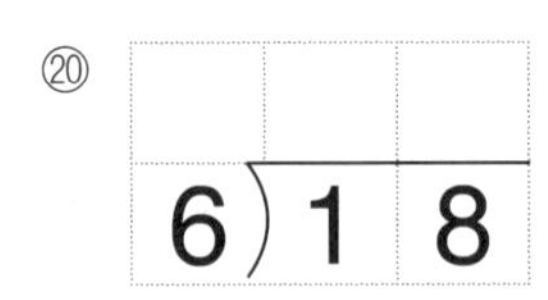 6)18

㉑ 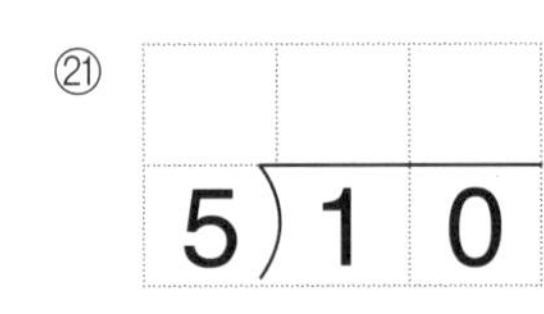 5)10

㉒ 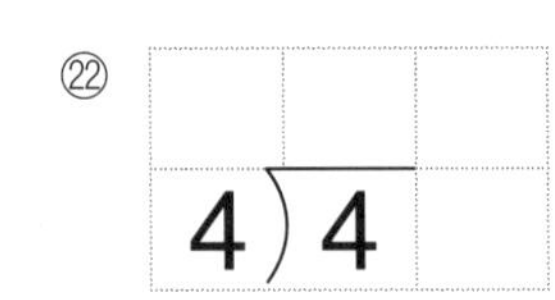 4)4

㉓ 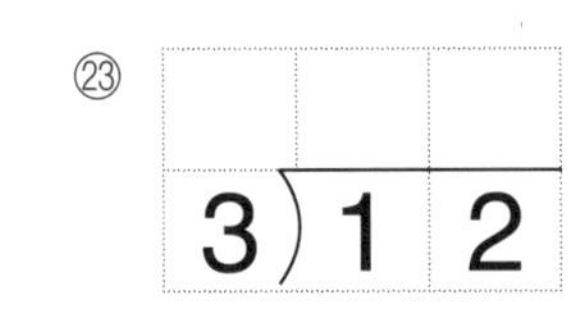 3)12

㉔  2)8

구구단 범위에서의 나눗셈 ❶

월 일 /30

8단 곱셈구구에서 곱이 64가 되는 곱셈식은?

① $64 \div 8 = $ [8]

$8 \times$ [8] $= 64$

② $18 \div 3 = $ □

③ $4 \div 2 = $ □

④ $35 \div 7 = $ □

⑤ $81 \div 9 = $ □

⑥ $63 \div 9 = $ □

⑦ $30 \div 6 = $ □

⑧ $24 \div 4 = $ □

⑨ $30 \div 5 = $ □

⑩ $27 \div 3 = $ □

⑪ $12 \div 6 = $ □

⑫ $12 \div 2 = $ □

⑬ $72 \div 9 = $ □

⑭ $32 \div 4 = $ □

⑮ $35 \div 5 = $ □

⑯ $3 \div 3 = $ □

⑰ $56 \div 7 = $ □

⑱ $56 \div 8 = $ □

⑲ $10 \div 2 = $ □

⑳ $25 \div 5 = $ □

㉑ $21 \div 3 = $ □

㉒ $8 \div 4 = $ □

㉓ $45 \div 5 = $ □

㉔ $42 \div 6 = $ □

㉕ $36 \div 9 = $ □

㉖ $6 \div 2 = $ □

㉗ $18 \div 6 = $ □

㉘ $40 \div 8 = $ □

㉙ $7 \div 7 = $ □

㉚ $12 \div 4 = $ □

구구단 범위에서의 나눗셈 ❶

월 일 /24

① 몫은 꼭 자리에 맞추어서 쓰세요!

7)14 (몫: 2)

② 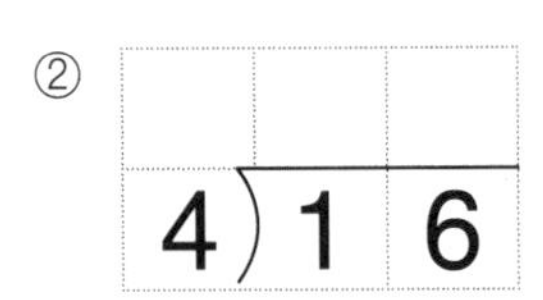
4)16

③ 5)20

④ 9)27

⑤ 8)32

⑥ 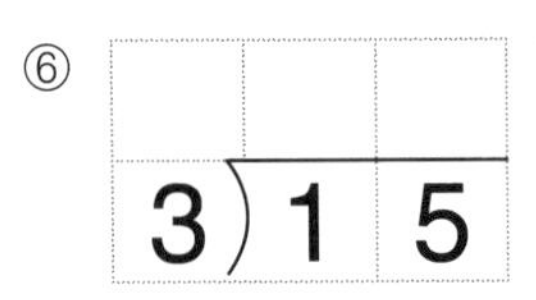
3)15

⑦ 6)36

⑧ 2)2

⑨ 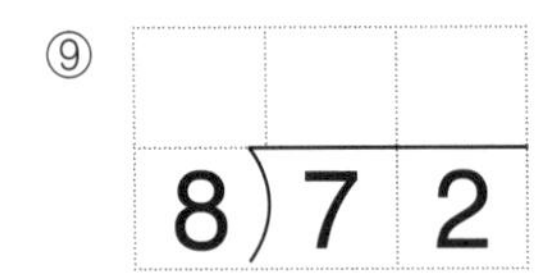
8)72

⑩ 3)6

⑪ 2)16

⑫ 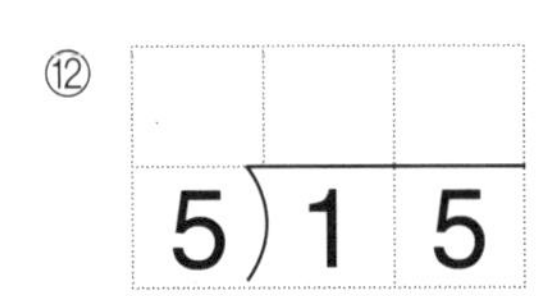
5)15

⑬ 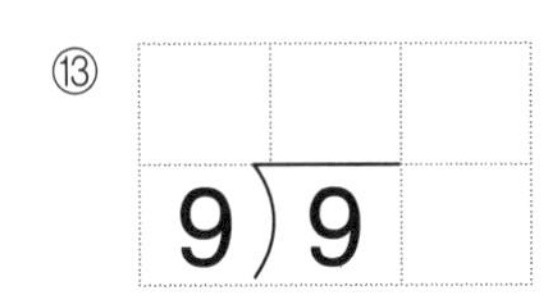
9)9

⑭ 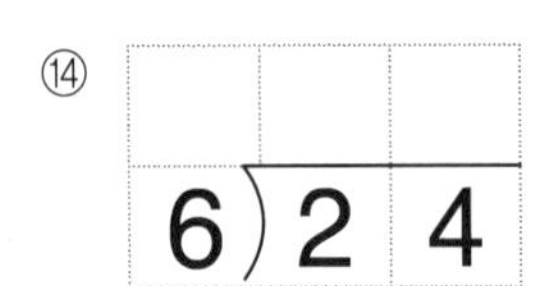
6)24

⑮ 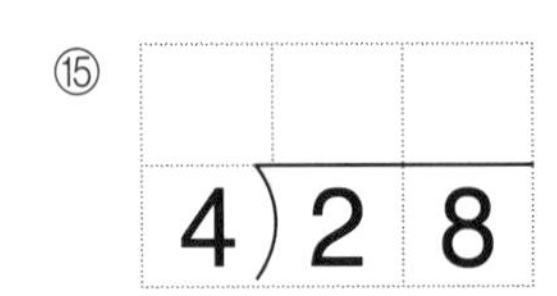
4)28

⑯ 7)21

⑰ 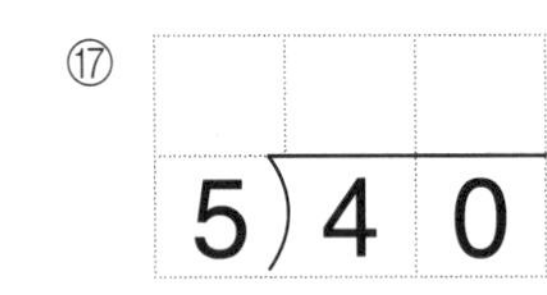
5)40

⑱ 7)49

⑲ 9)18

⑳ 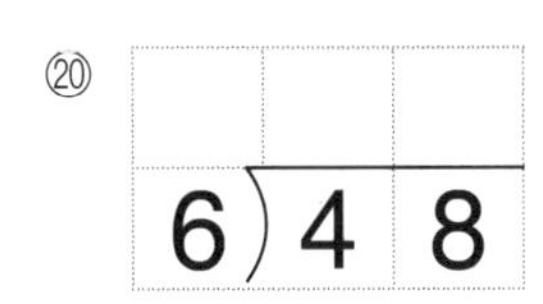
6)48

㉑ 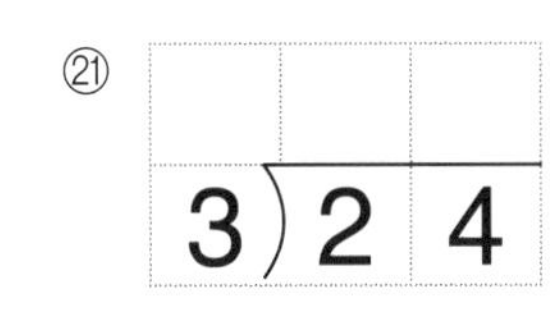
3)24

㉒ 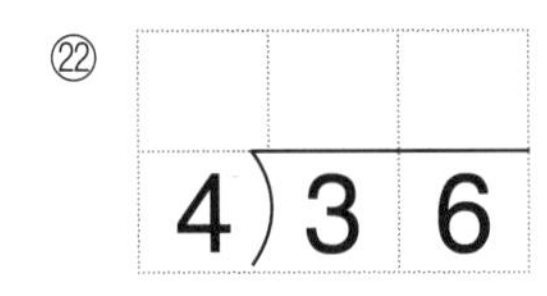
4)36

㉓ 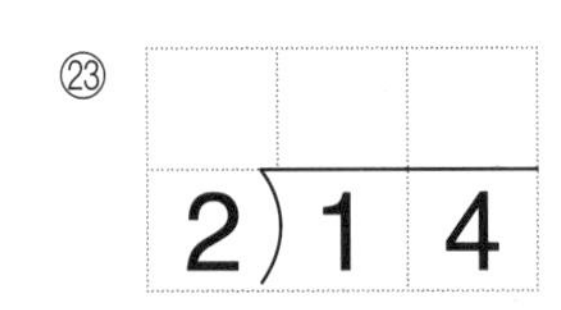
2)14

㉔ 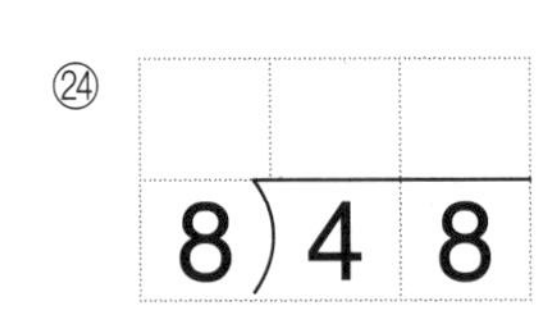
8)48

구구단 범위에서의 나눗셈 ①

월 일 /30

9단 곱셈구구에서 곱이 54가 되는 곱셈식은?

① 54 ÷ 9 = [6]
9 × [6] = 54

② 24 ÷ 8 = ☐

③ 8 ÷ 2 = ☐

④ 25 ÷ 5 = ☐

⑤ 48 ÷ 6 = ☐

⑥ 4 ÷ 4 = ☐

⑦ 12 ÷ 6 = ☐

⑧ 28 ÷ 7 = ☐

⑨ 16 ÷ 8 = ☐

⑩ 9 ÷ 9 = ☐

⑪ 21 ÷ 3 = ☐

⑫ 20 ÷ 5 = ☐

⑬ 7 ÷ 7 = ☐

⑭ 20 ÷ 4 = ☐

⑮ 10 ÷ 2 = ☐

⑯ 24 ÷ 6 = ☐

⑰ 42 ÷ 7 = ☐

⑱ 15 ÷ 5 = ☐

⑲ 18 ÷ 9 = ☐

⑳ 32 ÷ 8 = ☐

㉑ 18 ÷ 2 = ☐

㉒ 36 ÷ 6 = ☐

㉓ 15 ÷ 3 = ☐

㉔ 10 ÷ 5 = ☐

㉕ 63 ÷ 7 = ☐

㉖ 28 ÷ 4 = ☐

㉗ 12 ÷ 3 = ☐

㉘ 18 ÷ 6 = ☐

㉙ 40 ÷ 5 = ☐

㉚ 45 ÷ 9 = ☐

48단계

구구단 범위에서의 나눗셈 ❶

① 몫은 꼭 자리에 맞추어서 쓰세요!

3)24 … 몫: 8

②
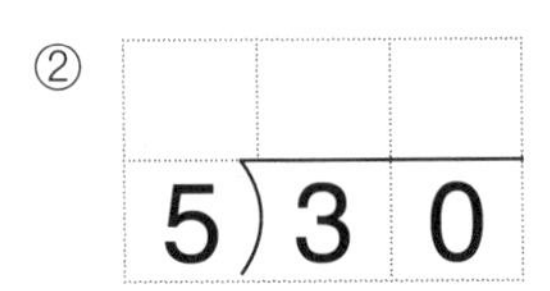

③ 7)35

④ 6)54

⑤ 8)40

⑥
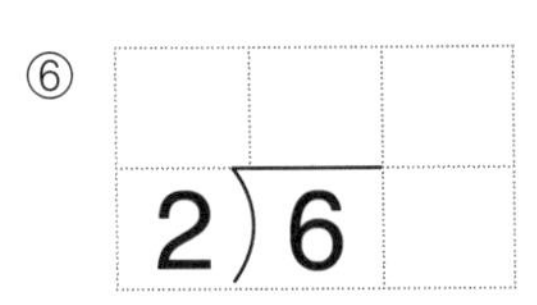

⑦
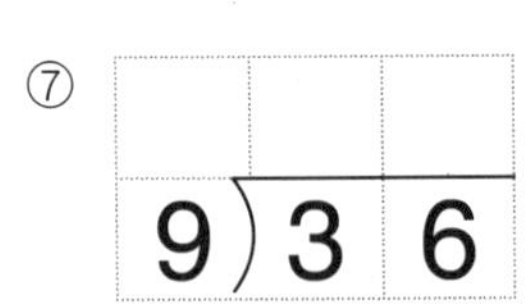

⑧
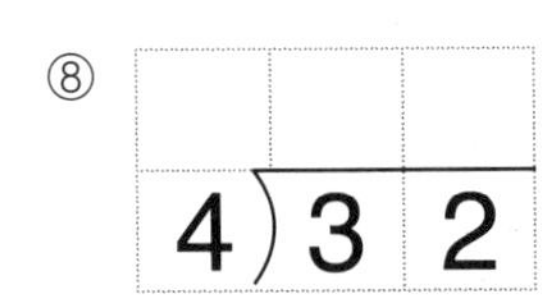

⑨ 8)8

⑩ 9)63

⑪ 2)4

⑫ 5)35

⑬
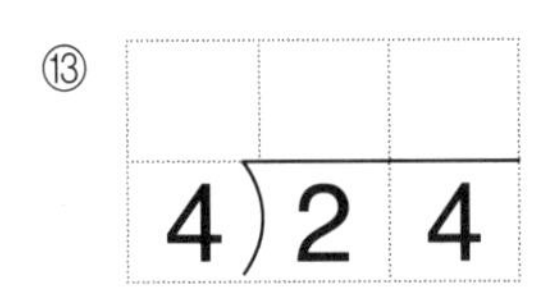

⑭
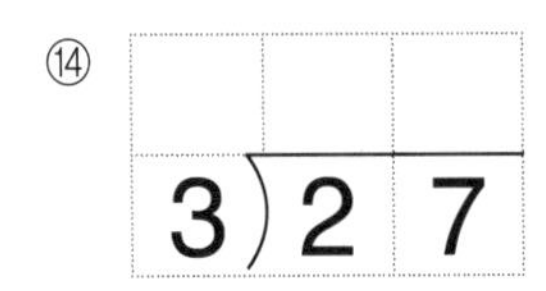

⑮
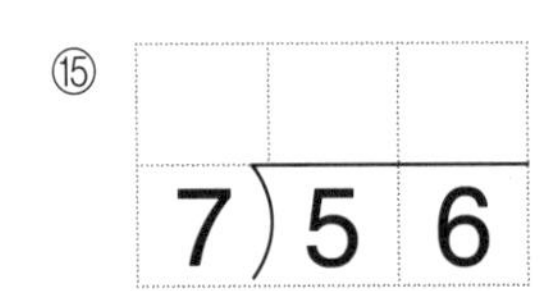

⑯ 6)12

⑰
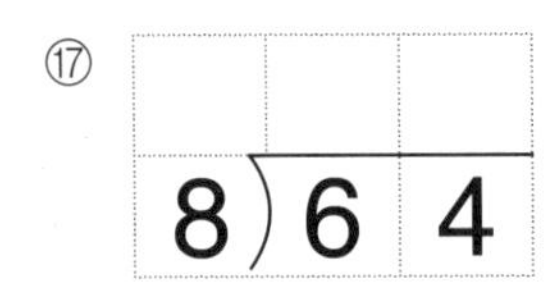

⑱
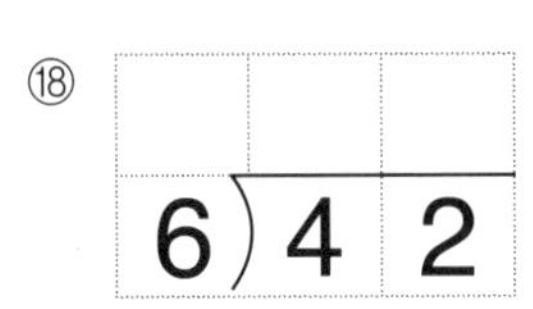

⑲
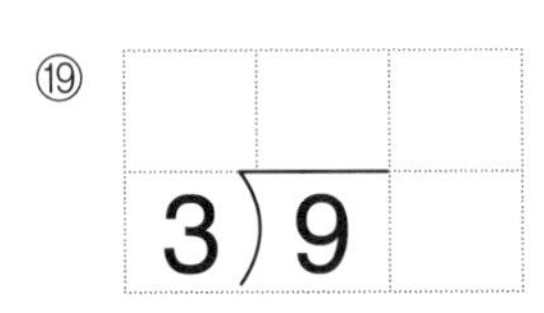

⑳
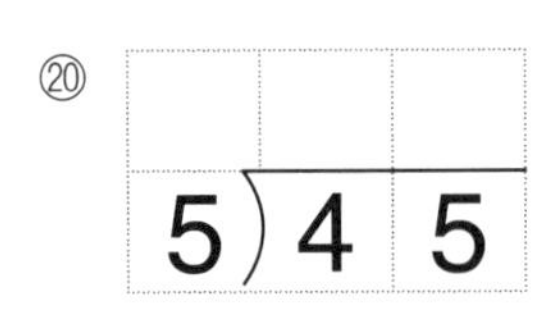

㉑
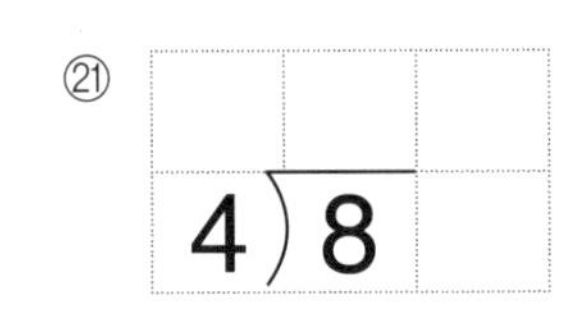

㉒
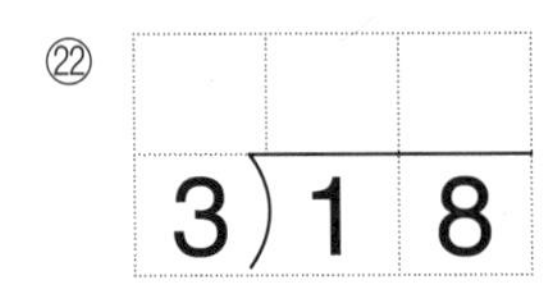

㉓
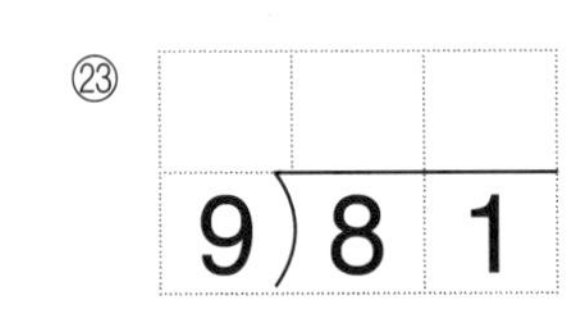

㉔
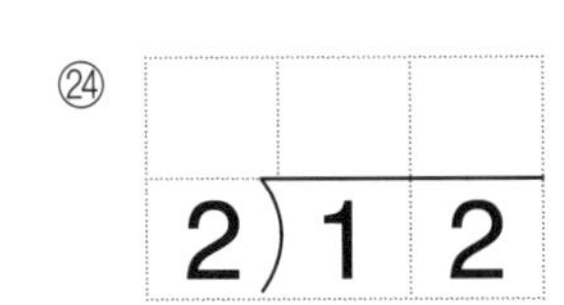

48단계

구구단 범위에서의 나눗셈 ①

월 일 /30

6단 곱셈구구에서 곱이 42가 되는 곱셈식은?

① 42÷6=[7]　　6×[7]=42

② 16÷2=□

③ 36÷9=□

④ 27÷3=□

⑤ 32÷4=□

⑥ 28÷7=□

⑦ 35÷5=□

⑧ 48÷8=□

⑨ 12÷4=□

⑩ 40÷8=□

⑪ 12÷3=□

⑫ 30÷5=□

⑬ 49÷7=□

⑭ 4÷2=□

⑮ 24÷6=□

⑯ 63÷9=□

⑰ 21÷7=□

⑱ 18÷3=□

⑲ 8÷2=□

⑳ 36÷4=□

㉑ 56÷8=□

㉒ 6÷6=□

㉓ 81÷9=□

㉔ 25÷5=□

㉕ 12÷2=□

㉖ 72÷9=□

㉗ 30÷6=□

㉘ 64÷8=□

㉙ 35÷7=□

㉚ 9÷3=□

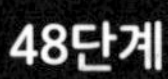

구구단 범위에서의 나눗셈 ❶

B

월 일 /24

몫은 꼭 자리에 맞추어서 쓰세요!

① 9)27 → 3

②
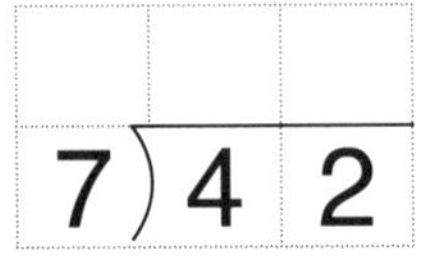

③
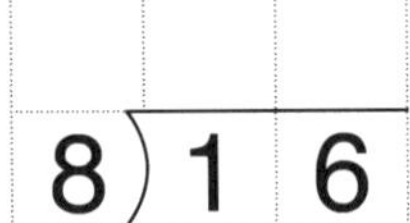

④ 3)15

⑤
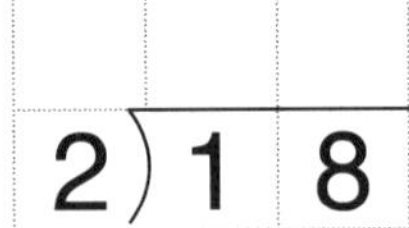

⑥
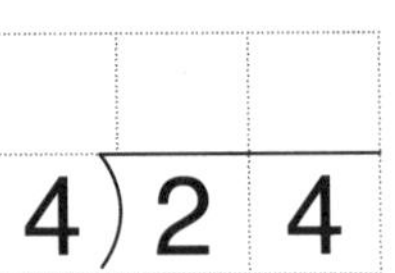

⑦
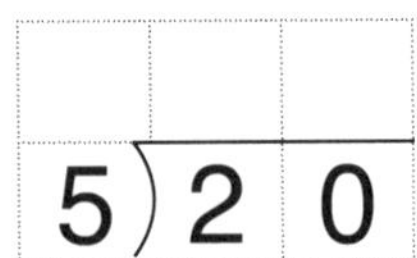

⑧
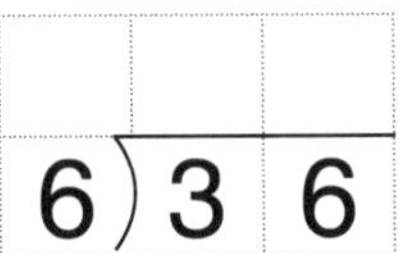

⑨ 7)7

⑩ 5)40

⑪ 2)10

⑫ 4)16

⑬ 6)18

⑭ 9)54

⑮ 3)6

⑯ 8)72

⑰
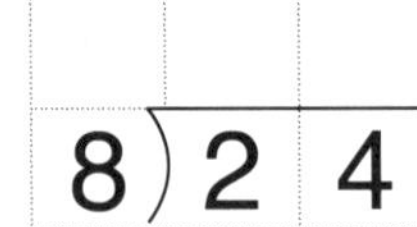

⑱ 3)21

⑲ 6)48

⑳ 2)14

㉑ 9)45

㉒ 7)63

㉓ 4)28

㉔
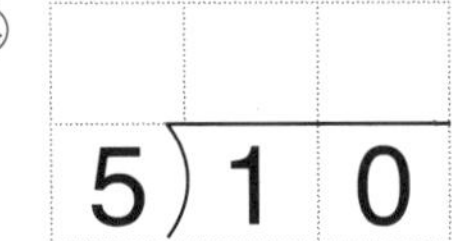

구구단 범위에서의 나눗셈 ①

A

월 일 /30

3단 곱셈구구에서 곱이 21이 되는 곱셈식은?

① $21 \div 3 = \boxed{7}$ ($3 \times \boxed{7} = 21$)

② $27 \div 9 = \square$

③ $48 \div 6 = \square$

④ $28 \div 7 = \square$

⑤ $24 \div 8 = \square$

⑥ $24 \div 4 = \square$

⑦ $2 \div 2 = \square$

⑧ $45 \div 5 = \square$

⑨ $14 \div 7 = \square$

⑩ $30 \div 6 = \square$

⑪ $25 \div 5 = \square$

⑫ $48 \div 8 = \square$

⑬ $8 \div 4 = \square$

⑭ $3 \div 3 = \square$

⑮ $16 \div 2 = \square$

⑯ $36 \div 9 = \square$

⑰ $54 \div 6 = \square$

⑱ $24 \div 3 = \square$

⑲ $56 \div 8 = \square$

⑳ $42 \div 7 = \square$

㉑ $18 \div 9 = \square$

㉒ $15 \div 5 = \square$

㉓ $6 \div 2 = \square$

㉔ $20 \div 4 = \square$

㉕ $27 \div 3 = \square$

㉖ $5 \div 5 = \square$

㉗ $81 \div 9 = \square$

㉘ $35 \div 7 = \square$

㉙ $12 \div 6 = \square$

㉚ $32 \div 8 = \square$

구구단 범위에서의 나눗셈 ❶

월 일 /24

몫은 꼭 자리에 맞추어서 쓰세요!

① $40 \div 8 = 5$ (8)40)

② 2)4

③ 9)72

④ 3)12

⑤ 6)18

⑥ 7)56

⑦ 5)35

⑧ 4)36

⑨ 7)21

⑩ 3)18

⑪ 2)14

⑫ 5)10

⑬ 4)16

⑭ 9)63

⑮ 8)64

⑯ 6)42

⑰ 9)45

⑱ 6)24

⑲ 5)30

⑳ 2)18

㉑ 7)49

㉒ 8)72

㉓ 4)32

㉔ 3)9

49
단계
구구단 범위에서의
나눗셈 ②

▶ 학습계획 : 매일 공부할 날짜를 정하고, 계획에 맞게 공부하세요.

일차	1일차	2일차	3일차	4일차	5일차
날짜	/	/	/	/	/

▶ 학습연계 : 지금 무엇을 배우는지 확인하고, 이전에 배운 단계와 앞으로 배울 단계를 살펴보세요.

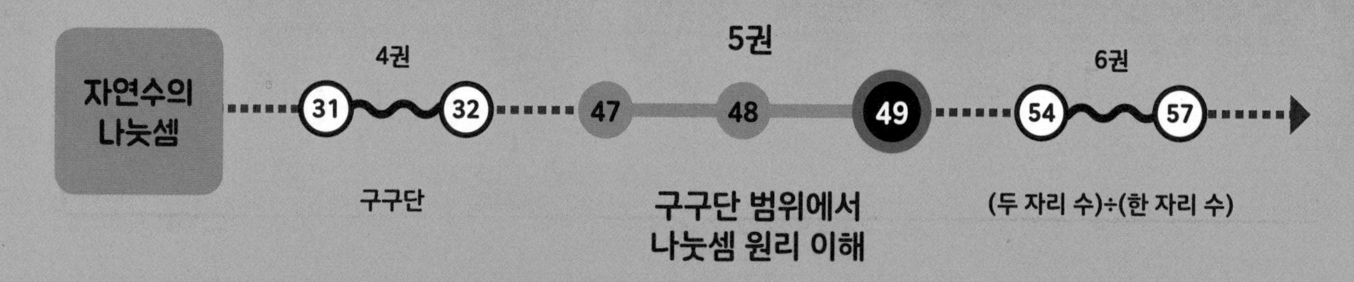

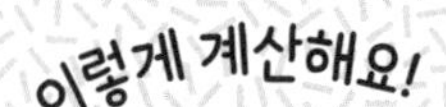

49 구구단 범위에서의 나눗셈 ❷

몫이 한 자리 수인 (두 자리 수)÷(한 자리 수)를 더 연습해요.

47단계, 48단계에서 나누는 수의 곱셈구구로 몫을 구하는 방법을 배웠어요. 이번 단계에서는 나누는 수를 보고 몫을 구하는 데 필요한 곱셈구구를 더 빠르고 정확하게 찾아내는 연습을 하도록 해요.

$27 \div 9 = \square$ ➡ $9 \times \boxed{3} = 27$ ➡ $27 \div 9 = \boxed{3}$

9단에서 곱셈식 찾기

몫

나눗셈을 세로 형식으로 직접 써서 풀어 보세요.

머릿셈으로 곧바로 답을 알 수 없는 큰 수의 나눗셈을 계산할 때는 세로 형식으로 계산해야 하므로 작은 수부터 세로셈을 미리 연습해 두세요.
나눗셈을 세로로 쓸 때에는 나누어지는 수를 $\overline{)}$의 안쪽에, 나누는 수를 $\overline{)}$의 왼쪽에 씁니다.
몫은 $\overline{)}$의 위쪽으로 나누어지는 수의 자리에 맞추어 쓰세요.

$12 \div 4 = 3$ ➡ $4\overline{)12}$ (몫 3)

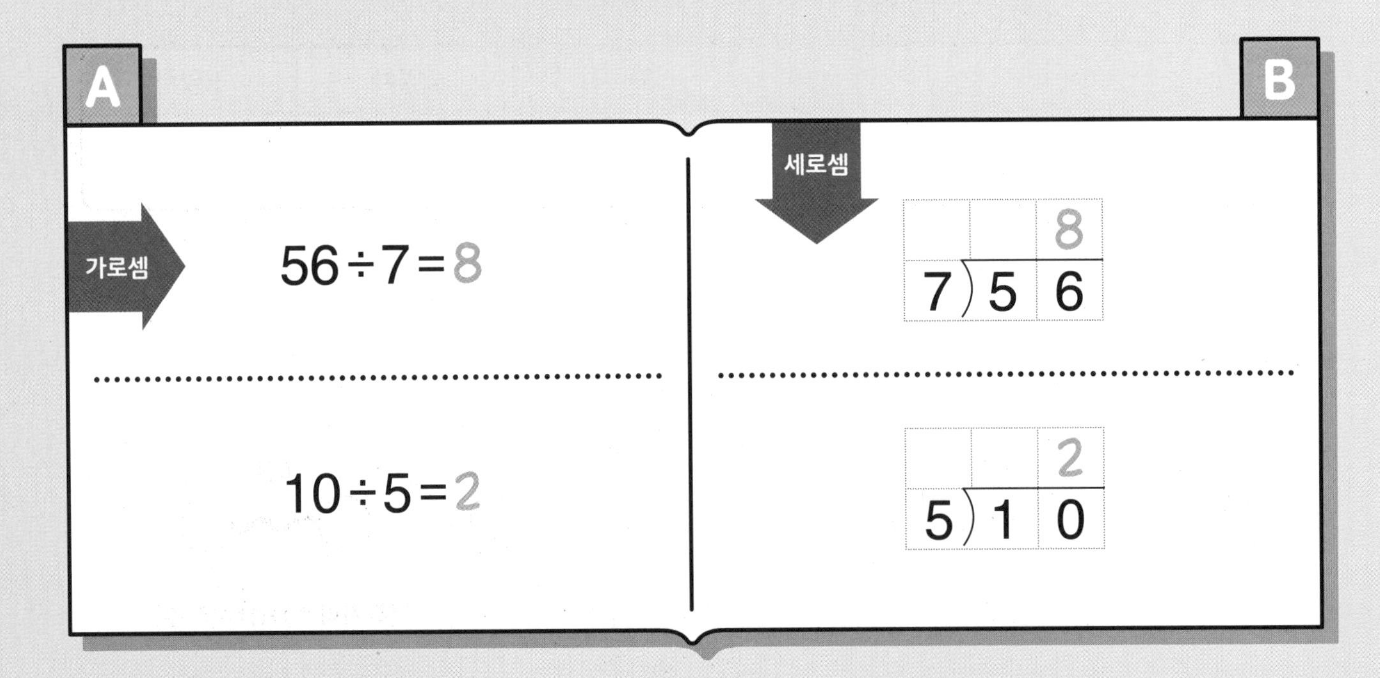

구구단 범위에서의 나눗셈 ❷

A

월 일 /30

① $42 \div 6 = 7$ ($6 \times \boxed{7} = 42$)

② $16 \div 2 =$

③ $36 \div 9 =$

④ $27 \div 3 =$

⑤ $32 \div 4 =$

⑥ $7 \div 7 =$

⑦ $35 \div 5 =$

⑧ $48 \div 8 =$

⑨ $12 \div 4 =$

⑩ $40 \div 8 =$

⑪ $12 \div 3 =$

⑫ $30 \div 5 =$

⑬ $24 \div 3 =$

⑭ $4 \div 2 =$

⑮ $24 \div 6 =$

⑯ $63 \div 9 =$

⑰ $21 \div 7 =$

⑱ $18 \div 3 =$

⑲ $8 \div 2 =$

⑳ $36 \div 4 =$

㉑ $56 \div 8 =$

㉒ $6 \div 6 =$

㉓ $81 \div 9 =$

㉔ $25 \div 5 =$

㉕ $12 \div 2 =$

㉖ $72 \div 9 =$

㉗ $30 \div 6 =$

㉘ $64 \div 8 =$

㉙ $35 \div 7 =$

㉚ $9 \div 3 =$

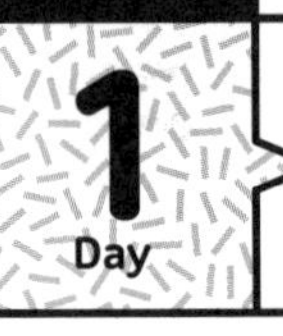

49단계

1 Day

구구단 범위에서의 나눗셈 ❷

B

월 일 /15

★ 나눗셈을 세로 형식으로 나타내고 몫을 구하세요.

① $49 \div 7 =$

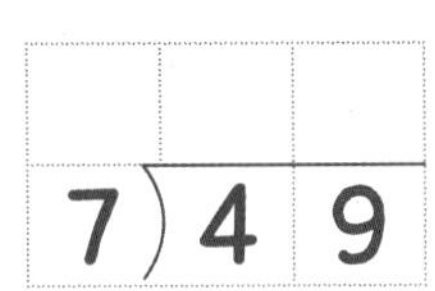

⑥ $15 \div 3 =$

⑪ $32 \div 8 =$

② $24 \div 4 =$

⑦ $27 \div 9 =$

⑫ $42 \div 7 =$

③ $72 \div 8 =$

⑧ $15 \div 5 =$

⑬ $21 \div 3 =$

④ $45 \div 5 =$

⑨ $14 \div 7 =$

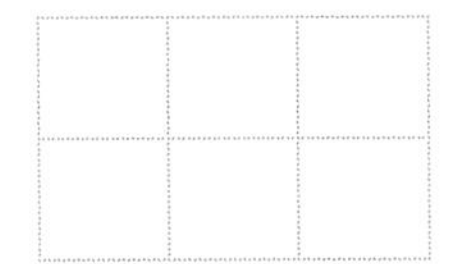

⑭ $5 \div 5 =$

⑤ $18 \div 2 =$

⑩ $28 \div 4 =$

⑮ $54 \div 6 =$

2 Day 구구단 범위에서의 나눗셈 ②

A

월 일 /30

① $64 \div 8 = 8$

$8 \times \boxed{8} = 64$

② $14 \div 2 =$

③ $56 \div 7 =$

④ $48 \div 8 =$

⑤ $20 \div 5 =$

⑥ $4 \div 2 =$

⑦ $28 \div 4 =$

⑧ $21 \div 3 =$

⑨ $16 \div 2 =$

⑩ $81 \div 9 =$

⑪ $72 \div 9 =$

⑫ $63 \div 7 =$

⑬ $42 \div 6 =$

⑭ $40 \div 5 =$

⑮ $18 \div 6 =$

⑯ $32 \div 4 =$

⑰ $27 \div 3 =$

⑱ $18 \div 9 =$

⑲ $24 \div 4 =$

⑳ $36 \div 6 =$

㉑ $35 \div 5 =$

㉒ $10 \div 2 =$

㉓ $9 \div 3 =$

㉔ $35 \div 7 =$

㉕ $8 \div 4 =$

㉖ $12 \div 2 =$

㉗ $3 \div 3 =$

㉘ $25 \div 5 =$

㉙ $30 \div 6 =$

㉚ $6 \div 6 =$

구구단 범위에서의 나눗셈 ❷

B

월 일 /15

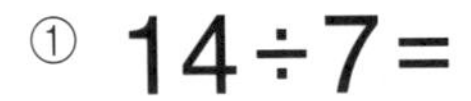

★ 나눗셈을 세로 형식으로 나타내고 몫을 구하세요.

① $14 \div 7 =$

7)1 4

⑥ $56 \div 8 =$

⑪ $48 \div 6 =$

② $20 \div 4 =$

⑦ $28 \div 7 =$

⑫ $21 \div 7 =$

③ $16 \div 4 =$

⑧ $45 \div 9 =$

⑬ $10 \div 5 =$

④ $40 \div 8 =$

⑨ $8 \div 2 =$

⑭ $12 \div 3 =$

⑤ $30 \div 5 =$

⑩ $36 \div 4 =$

⑮ $54 \div 9 =$

3 Day 구구단 범위에서의 나눗셈 ❷

A

월 일 /30

① $40 \div 5 = 8$ ($5 \times \boxed{8} = 40$)

② $27 \div 9 =$

③ $10 \div 2 =$

④ $6 \div 3 =$

⑤ $72 \div 8 =$

⑥ $36 \div 4 =$

⑦ $14 \div 7 =$

⑧ $9 \div 3 =$

⑨ $63 \div 9 =$

⑩ $20 \div 5 =$

⑪ $16 \div 8 =$

⑫ $4 \div 2 =$

⑬ $21 \div 3 =$

⑭ $35 \div 7 =$

⑮ $42 \div 7 =$

⑯ $48 \div 6 =$

⑰ $28 \div 4 =$

⑱ $12 \div 2 =$

⑲ $25 \div 5 =$

⑳ $64 \div 8 =$

㉑ $56 \div 7 =$

㉒ $30 \div 6 =$

㉓ $24 \div 8 =$

㉔ $15 \div 3 =$

㉕ $8 \div 8 =$

㉖ $54 \div 9 =$

㉗ $32 \div 4 =$

㉘ $18 \div 9 =$

㉙ $45 \div 5 =$

㉚ $7 \div 7 =$

구구단 범위에서의 나눗셈 ②

★ 나눗셈을 세로 형식으로 나타내고 몫을 구하세요.

① $27 \div 3 =$

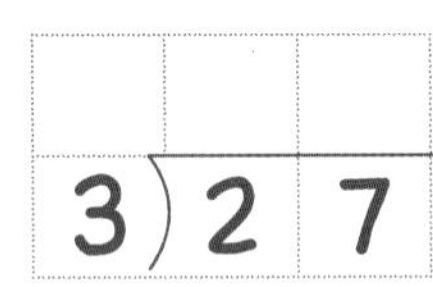

② $35 \div 5 =$

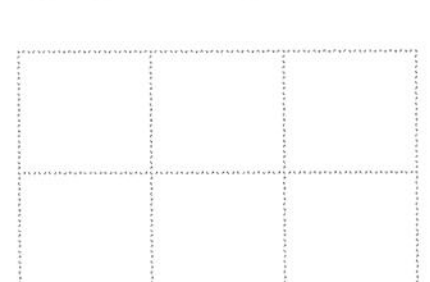

③ $18 \div 6 =$

④ $81 \div 9 =$

⑤ $54 \div 6 =$

⑥ $42 \div 6 =$

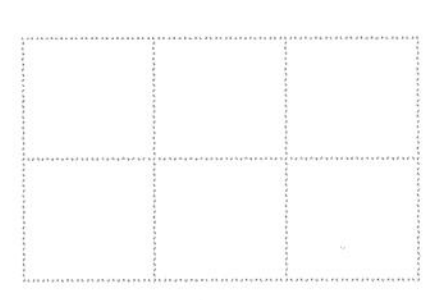

⑦ $24 \div 4 =$

⑧ $63 \div 7 =$

⑨ $12 \div 3 =$

⑩ $30 \div 5 =$

⑪ $32 \div 8 =$

⑫ $72 \div 9 =$

⑬ $15 \div 5 =$

⑭ $9 \div 9 =$

⑮ $48 \div 8 =$

구구단 범위에서의 나눗셈 ❷

A

월 일 /30

① $12 \div 4 = 3$ ($4 \times \boxed{3} = 12$)

② $35 \div 5 =$

③ $63 \div 7 =$

④ $3 \div 3 =$

⑤ $20 \div 4 =$

⑥ $32 \div 8 =$

⑦ $18 \div 6 =$

⑧ $45 \div 9 =$

⑨ $72 \div 9 =$

⑩ $48 \div 8 =$

⑪ $40 \div 8 =$

⑫ $28 \div 7 =$

⑬ $14 \div 2 =$

⑭ $42 \div 6 =$

⑮ $25 \div 5 =$

⑯ $54 \div 6 =$

⑰ $36 \div 9 =$

⑱ $24 \div 4 =$

⑲ $10 \div 5 =$

⑳ $8 \div 2 =$

㉑ $21 \div 7 =$

㉒ $16 \div 4 =$

㉓ $6 \div 6 =$

㉔ $30 \div 5 =$

㉕ $27 \div 3 =$

㉖ $64 \div 8 =$

㉗ $63 \div 9 =$

㉘ $56 \div 7 =$

㉙ $12 \div 6 =$

㉚ $6 \div 2 =$

구구단 범위에서의 나눗셈 ❷

★ 나눗셈을 세로 형식으로 나타내고 몫을 구하세요.

① 16÷2=

② 24÷3=

③ 5÷5=

④ 32÷4=

⑤ 48÷6=

⑥ 30÷6=

⑦ 36÷4=

⑧ 18÷9=

⑨ 54÷9=

⑩ 14÷7=

⑪ 56÷8=

⑫ 28÷4=

⑬ 27÷9=

⑭ 12÷2=

⑮ 20÷5=

5 Day 구구단 범위에서의 나눗셈 ❷

A

월 일 /30

① $45 \div 5 = 9$ ($5 \times \boxed{9} = 45$)

② $12 \div 4 =$

③ $27 \div 3 =$

④ $8 \div 2 =$

⑤ $81 \div 9 =$

⑥ $24 \div 8 =$

⑦ $4 \div 4 =$

⑧ $10 \div 5 =$

⑨ $48 \div 6 =$

⑩ $25 \div 5 =$

⑪ $21 \div 7 =$

⑫ $40 \div 8 =$

⑬ $36 \div 6 =$

⑭ $15 \div 5 =$

⑮ $48 \div 8 =$

⑯ $16 \div 4 =$

⑰ $30 \div 5 =$

⑱ $28 \div 7 =$

⑲ $35 \div 5 =$

⑳ $6 \div 6 =$

㉑ $18 \div 3 =$

㉒ $63 \div 9 =$

㉓ $14 \div 7 =$

㉔ $72 \div 8 =$

㉕ $32 \div 4 =$

㉖ $9 \div 3 =$

㉗ $42 \div 6 =$

㉘ $56 \div 8 =$

㉙ $4 \div 2 =$

㉚ $20 \div 4 =$

구구단 범위에서의 나눗셈 ❷

B

월 일 /15

★ 나눗셈을 세로 형식으로 나타내고 몫을 구하세요.

① $18 \div 2 =$

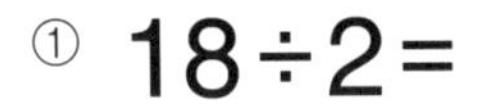

2)18

⑥ $21 \div 3 =$

⑪ $35 \div 7 =$

② $42 \div 7 =$

⑦ $2 \div 2 =$

⑫ $24 \div 6 =$

③ $56 \div 7 =$

⑧ $32 \div 8 =$

⑬ $49 \div 7 =$

④ $64 \div 8 =$

⑨ $16 \div 8 =$

⑭ $36 \div 9 =$

⑤ $12 \div 3 =$

⑩ $40 \div 5 =$

⑮ $24 \div 4 =$

3학년 방정식

구구단을 이용하면 나눗셈식의 몫을 쉽게 구할 수 있었죠?
이렇게 곱셈과 나눗셈은 서로 떼려야 뗄 수 없는 관계예요.
50단계에서는 곱셈과 나눗셈의 관계를 이용하는 무당벌레 그림을 익혀 두세요.
수가 커지고, 직관적으로는 더 이상 해결할 수 없는 수를 계산할 때
식을 이리저리 바꾸면서 유용하게 쓸 수 있어요.

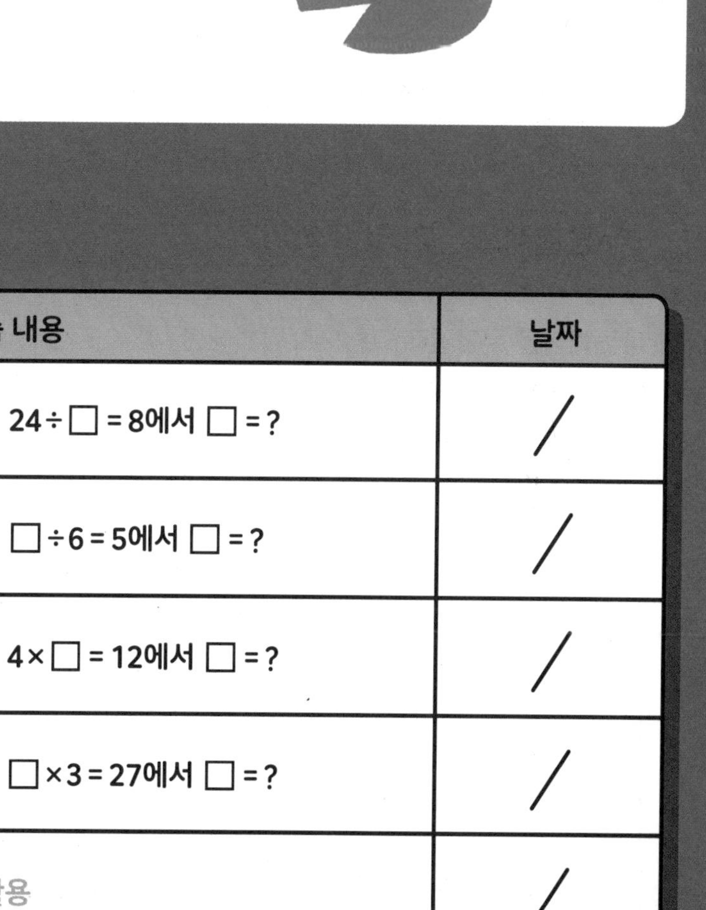

일차	학습 내용		날짜
1일차	□가 있는 나눗셈식	24÷□=8에서 □=?	/
2일차	□가 있는 나눗셈식	□÷6=5에서 □=?	/
3일차	□가 있는 곱셈식	4×□=12에서 □=?	/
4일차	□가 있는 곱셈식	□×3=27에서 □=?	/
5일차	□가 있는 나눗셈식, 곱셈식의 활용		/

50 3학년 방정식

무당벌레 그림의 규칙

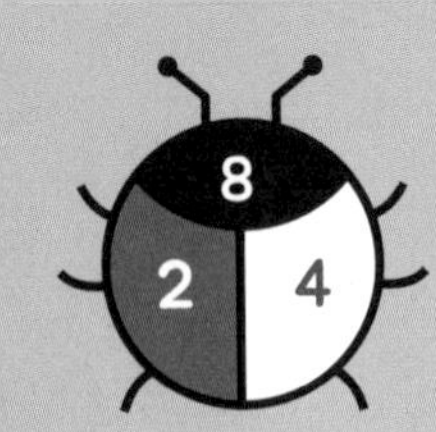

무당벌레 그림은 아래 두 수의 곱이 위의 수가 되고,
위의 수를 아래 수 중 하나로 나누면 나머지 수가 몫이 됩니다.
무당벌레 그림을 잘 살펴보면 곱셈식과 나눗셈식을 찾을 수 있어요.

규칙 1 아래 두 수를 곱하면 위의 수가 됩니다.

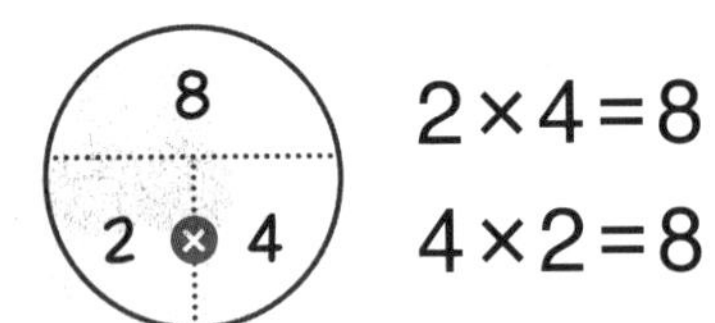

규칙 2 위의 수를 아래의 수 중 하나로 나누면 남은 수가 몫이 됩니다.

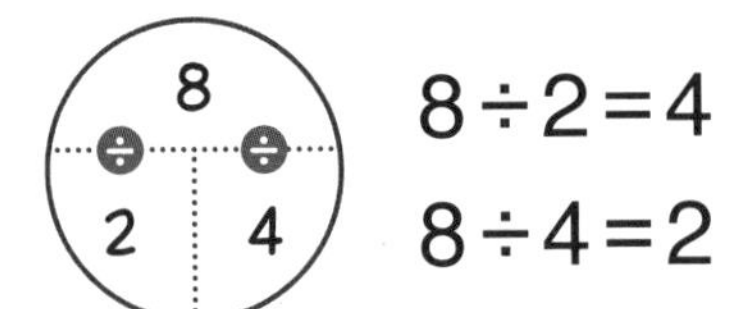

무당벌레로 □의 값 구하기!

나눗셈식을 무당벌레 그림으로 나타내면 나누어지는 수와 나누는 수, 몫의 관계를 한눈에 알 수 있어요.
나누어지는 수를 위에, 나누는 수와 몫을 아래에 각각 써 보세요.
무당벌레에 나타내면 □가 있는 나눗셈식에서 □를 구하는 식을 쉽게 만들 수 있답니다.

$15 \div \square = 3$

15
÷ ÷
□ × 3

➡ $\square = 15 \div 3$, $\square = 5$

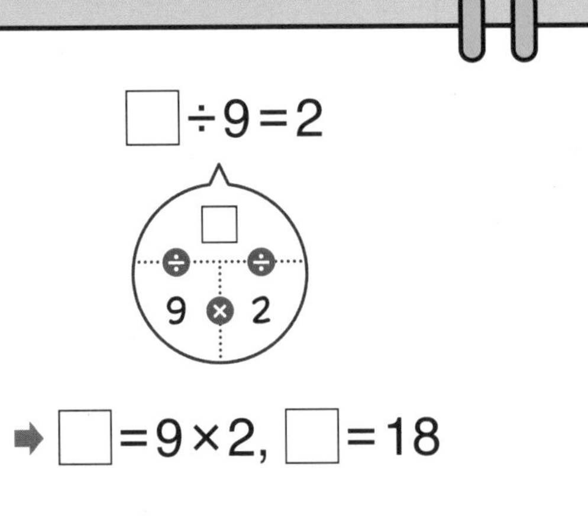

3학년 방정식

A

월 일 /5

① $24\div\square=8$ ➡ $\square=$ 24÷8 ➡ $\square=$ 3

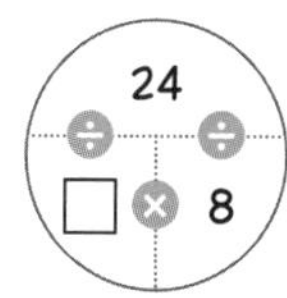

② $48\div\square=6$ ➡ $\square=$ ______ ➡ $\square=$ ______

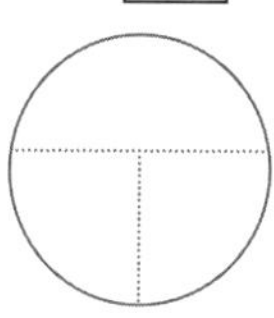

③ $21\div\square=3$ ➡ $\square=$ ______ ➡ $\square=$ ______

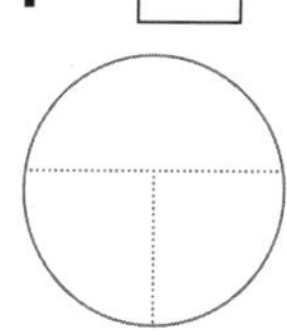

④ $18\div\square=2$ ➡ $\square=$ ______ ➡ $\square=$ ______

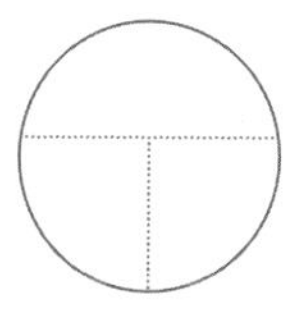

⑤ $42\div\square=7$ ➡ $\square=$ ______ ➡ $\square=$ ______

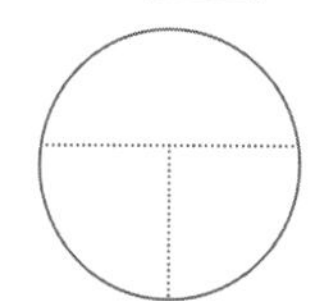

1 Day

3학년 방정식

B

월 일 /10

① $12 \div \square = 3$ $\square = 12 \div 3$

➡ $\square =$ ______

② $45 \div \square = 5$

➡ $\square =$ ______

③ $18 \div \square = 6$

➡ $\square =$ ______

④ $32 \div \square = 4$

➡ $\square =$ ______

⑤ $49 \div \square = 7$

➡ $\square =$ ______

⑥ $16 \div \square = 2$

➡ $\square =$ ______

⑦ $14 \div \square = 7$

➡ $\square =$ ______

⑧ $72 \div \square = 8$

➡ $\square =$ ______

⑨ $25 \div \square = 5$

➡ $\square =$ ______

⑩ $54 \div \square = 9$

➡ $\square =$ ______

3학년 방정식

A

월 일 /5

① □÷6=5 ➡ □= 6×5 (또는 5×6) ➡ □= 30

□ ÷ ÷ 6 × 5

② □÷5=2 ➡ □= ______ ➡ □= ______

③ □÷7=9 ➡ □= ______ ➡ □= ______

④ □÷8=8 ➡ □= ______ ➡ □= ______

⑤ □÷9=3 ➡ □= ______ ➡ □= ______

2 Day 3학년 방정식

B

월 일 /10

① $\square \div 5 = 7$ ($\square = 5 \times 7$)

➡ $\square$ = ______

② $\square \div 2 = 9$

➡ $\square$ = ______

③ $\square \div 8 = 4$

➡ $\square$ = ______

④ $\square \div 6 = 6$

➡ $\square$ = ______

⑤ $\square \div 4 = 1$

➡ $\square$ = ______

⑥ $\square \div 7 = 6$

➡ $\square$ = ______

⑦ $\square \div 8 = 5$

➡ $\square$ = ______

⑧ $\square \div 9 = 7$

➡ $\square$ = ______

⑨ $\square \div 4 = 3$

➡ $\square$ = ______

⑩ $\square \div 3 = 8$

➡ $\square$ = ______

3학년 방정식

A

월 일 /5

① $4\times\square=12$ ➡ $\square=$ 12 ÷ 4 ➡ $\square=$ 3

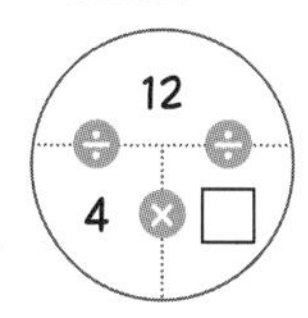

② $5\times\square=30$ ➡ $\square=$ ______ ➡ $\square=$ ______

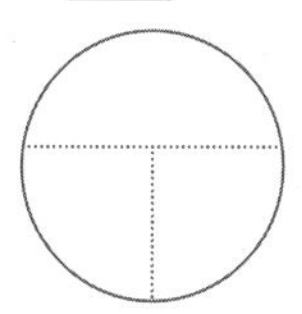

③ $6\times\square=24$ ➡ $\square=$ ______ ➡ $\square=$ ______

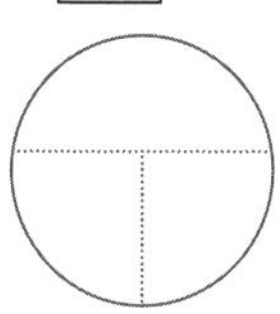

④ $7\times\square=63$ ➡ $\square=$ ______ ➡ $\square=$ ______

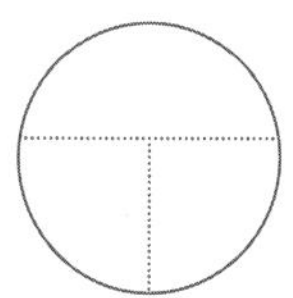

⑤ $8\times\square=56$ ➡ $\square=$ ______ ➡ $\square=$ ______

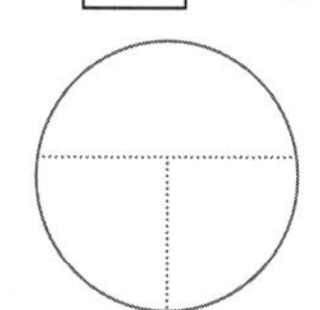

50단계

3 Day 3학년 방정식

B

월 일 /10

① $7\times\square=21$ $\square=21\div7$

➡ $\square=$ ______

② $6\times\square=36$

➡ $\square=$ ______

③ $5\times\square=35$

➡ $\square=$ ______

④ $9\times\square=81$

➡ $\square=$ ______

⑤ $1\times\square=8$

➡ $\square=$ ______

⑥ $8\times\square=64$

➡ $\square=$ ______

⑦ $4\times\square=16$

➡ $\square=$ ______

⑧ $9\times\square=27$

➡ $\square=$ ______

⑨ $3\times\square=3$

➡ $\square=$ ______

⑩ $2\times\square=10$

➡ $\square=$ ______

50단계

3학년 방정식

A

① □×3=27 ➡ □= 27÷3 ➡ □= 9

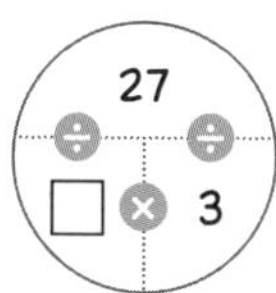

② □×7=49 ➡ □=________ ➡ □=________

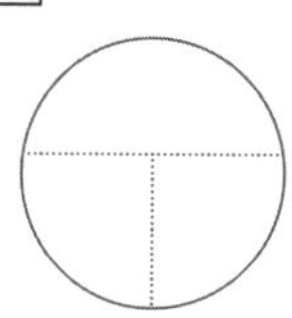

③ □×8=24 ➡ □=________ ➡ □=________

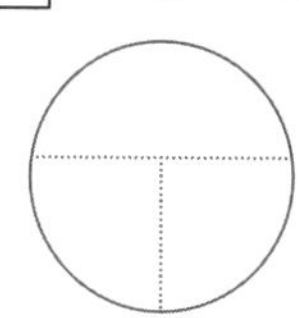

④ □×9=54 ➡ □=________ ➡ □=________

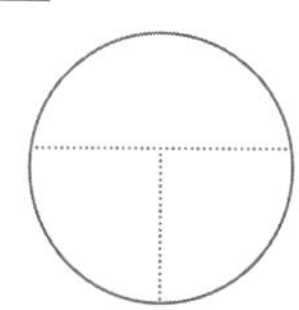

⑤ □×4=20 ➡ □=________ ➡ □=________

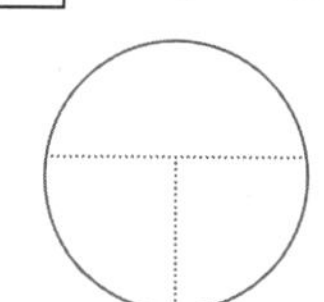

3학년 방정식

① $\square \times 9 = 72$ $\square = 72 \div 9$

➡ $\square$ = ______

② $\square \times 4 = 8$

➡ $\square$ = ______

③ $\square \times 3 = 15$

➡ $\square$ = ______

④ $\square \times 7 = 28$

➡ $\square$ = ______

⑤ $\square \times 6 = 54$

➡ $\square$ = ______

⑥ $\square \times 2 = 2$

➡ $\square$ = ______

⑦ $\square \times 5 = 45$

➡ $\square$ = ______

⑧ $\square \times 1 = 7$

➡ $\square$ = ______

⑨ $\square \times 4 = 36$

➡ $\square$ = ______

⑩ $\square \times 8 = 48$

➡ $\square$ = ______

5 Day

3학년 방정식

A

월 일 /10

① $20 \div \square = 4$

➡ $\square =$ ______

⑥ $8 \times \square = 16$

➡ $\square =$ ______

② $40 \div \square = 5$

➡ $\square =$ ______

⑦ $7 \times \square = 56$

➡ $\square =$ ______

③ $36 \div \square = 9$

➡ $\square =$ ______

⑧ $\square \times 5 = 15$

➡ $\square =$ ______

④ $\square \div 7 = 7$

➡ $\square =$ ______

⑨ $\square \times 6 = 30$

➡ $\square =$ ______

⑤ $\square \div 5 = 1$

➡ $\square =$ ______

⑩ $\square \times 2 = 14$

➡ $\square =$ ______

3학년 방정식

① 재영이는 사탕 한 봉지를 샀어요.
매일 3개씩 먹었더니 7일 동안 먹고 남은 것이 없었어요.
사탕 한 봉지에 사탕이 몇 개 들어 있었을까요?

식 $\square \div 3 = 7$

답 ______ 개

② 열대어 30마리를 친구들에게 똑같이 나누어 주었더니
모두 5명에게 나누어 줄 수 있었어요.
친구 한 사람에게 몇 마리씩 나누어 주었나요?

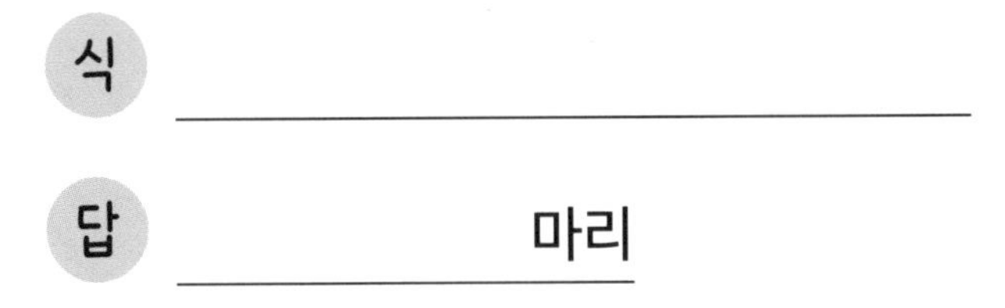

식 ______

답 ______ 마리

③ 라비 어머니는 한 봉지에 4개씩 들어 있는 사과를
몇 봉지 사 오셨어요.
사과가 모두 28개라면 몇 봉지를 사 오신 걸까요?

식 ______

답 ______ 봉지

5권 끝!

6권으로 넘어갈까요?

앗!

본책의 정답과 풀이를 분실하셨나요?
길벗스쿨 홈페이지에 들어오시면 내려받으실 수 있습니다.
https://school.gilbut.co.kr/

기적의 계산법

정답

정답

5권

엄마표 학습 생활기록부

41 단계

<학습기간> 월 일 ~ 월 일

계획 준수	① 매우 잘함	② 잘함	③ 보통	④ 노력 요함	종합의견	
원리 이해	① 매우 잘함	② 잘함	③ 보통	④ 노력 요함		
시간 단축	① 매우 잘함	② 잘함	③ 보통	④ 노력 요함		
정확성	① 매우 잘함	② 잘함	③ 보통	④ 노력 요함		

42 단계

<학습기간> 월 일 ~ 월 일

계획 준수	① 매우 잘함	② 잘함	③ 보통	④ 노력 요함	종합의견	
원리 이해	① 매우 잘함	② 잘함	③ 보통	④ 노력 요함		
시간 단축	① 매우 잘함	② 잘함	③ 보통	④ 노력 요함		
정확성	① 매우 잘함	② 잘함	③ 보통	④ 노력 요함		

43 단계

<학습기간> 월 일 ~ 월 일

계획 준수	① 매우 잘함	② 잘함	③ 보통	④ 노력 요함	종합의견	
원리 이해	① 매우 잘함	② 잘함	③ 보통	④ 노력 요함		
시간 단축	① 매우 잘함	② 잘함	③ 보통	④ 노력 요함		
정확성	① 매우 잘함	② 잘함	③ 보통	④ 노력 요함		

44 단계

<학습기간> 월 일 ~ 월 일

계획 준수	① 매우 잘함	② 잘함	③ 보통	④ 노력 요함	종합의견	
원리 이해	① 매우 잘함	② 잘함	③ 보통	④ 노력 요함		
시간 단축	① 매우 잘함	② 잘함	③ 보통	④ 노력 요함		
정확성	① 매우 잘함	② 잘함	③ 보통	④ 노력 요함		

45 단계

<학습기간> 월 일 ~ 월 일

계획 준수	① 매우 잘함	② 잘함	③ 보통	④ 노력 요함	종합의견	
원리 이해	① 매우 잘함	② 잘함	③ 보통	④ 노력 요함		
시간 단축	① 매우 잘함	② 잘함	③ 보통	④ 노력 요함		
정확성	① 매우 잘함	② 잘함	③ 보통	④ 노력 요함		

엄마가 선생님이 되어 아이의 학업 성취도를 평가해 주세요.

46 단계

<학습기간> 월 일 ~ 월 일

계획 준수	① 매우 잘함	② 잘함	③ 보통	④ 노력 요함	종합의견
원리 이해	① 매우 잘함	② 잘함	③ 보통	④ 노력 요함	
시간 단축	① 매우 잘함	② 잘함	③ 보통	④ 노력 요함	
정확성	① 매우 잘함	② 잘함	③ 보통	④ 노력 요함	

47 단계

<학습기간> 월 일 ~ 월 일

계획 준수	① 매우 잘함	② 잘함	③ 보통	④ 노력 요함	종합의견
원리 이해	① 매우 잘함	② 잘함	③ 보통	④ 노력 요함	
시간 단축	① 매우 잘함	② 잘함	③ 보통	④ 노력 요함	
정확성	① 매우 잘함	② 잘함	③ 보통	④ 노력 요함	

48 단계

<학습기간> 월 일 ~ 월 일

계획 준수	① 매우 잘함	② 잘함	③ 보통	④ 노력 요함	종합의견
원리 이해	① 매우 잘함	② 잘함	③ 보통	④ 노력 요함	
시간 단축	① 매우 잘함	② 잘함	③ 보통	④ 노력 요함	
정확성	① 매우 잘함	② 잘함	③ 보통	④ 노력 요함	

49 단계

<학습기간> 월 일 ~ 월 일

계획 준수	① 매우 잘함	② 잘함	③ 보통	④ 노력 요함	종합의견
원리 이해	① 매우 잘함	② 잘함	③ 보통	④ 노력 요함	
시간 단축	① 매우 잘함	② 잘함	③ 보통	④ 노력 요함	
정확성	① 매우 잘함	② 잘함	③ 보통	④ 노력 요함	

50 단계

<학습기간> 월 일 ~ 월 일

계획 준수	① 매우 잘함	② 잘함	③ 보통	④ 노력 요함	종합의견
원리 이해	① 매우 잘함	② 잘함	③ 보통	④ 노력 요함	
시간 단축	① 매우 잘함	② 잘함	③ 보통	④ 노력 요함	
정확성	① 매우 잘함	② 잘함	③ 보통	④ 노력 요함	

41단계 (두 자리 수)×(한 자리 수) ❶

올림이 없는 (두 자리 수)×(한 자리 수)의 핵심 계산 원리는 자릿값 개념입니다. 간혹 일의 자리 계산 결과를 십의 자리에 쓰는 아이들이 있는데 이것이 단순 실수인지 아니면 자릿값 개념의 이해 부족인지를 잘 관찰해야 합니다. 자연수의 사칙연산에서 자릿값 개념은 모든 계산의 기본 원리이므로 꼭 이해하고 넘어갑니다.

1 Day

11쪽 Ⓐ

① 80 ② 80 ③ 90 ④ 14 ⑤ 82 ⑥ 57 ⑦ 36 ⑧ 44 ⑨ 42 ⑩ 64 ⑪ 88 ⑫ 77 ⑬ 84 ⑭ 68 ⑮ 69 ⑯ 84 ⑰ 48 ⑱ 26 ⑲ 55 ⑳ 66 ㉑ 23 ㉒ 93 ㉓ 39 ㉔ 44

12쪽 Ⓑ

① 30 ② 60 ③ 80 ④ 63 ⑤ 24 ⑥ 99 ⑦ 34 ⑧ 33 ⑨ 28 ⑩ 66 ⑪ 46 ⑫ 42 ⑬ 17 ⑭ 88 ⑮ 63 ⑯ 62 ⑰ 52 ⑱ 66 ⑲ 48 ⑳ 74 ㉑ 99 ㉒ 40 ㉓ 96 ㉔ 86

2 Day

13쪽 Ⓐ

① 80 ② 60 ③ 80 ④ 90 ⑤ 39 ⑥ 88 ⑦ 36 ⑧ 69 ⑨ 44 ⑩ 42 ⑪ 99 ⑫ 41 ⑬ 22 ⑭ 84 ⑮ 68 ⑯ 88 ⑰ 84 ⑱ 28 ⑲ 48 ⑳ 37 ㉑ 44 ㉒ 55 ㉓ 43 ㉔ 64

14쪽 Ⓑ

① 60 ② 80 ③ 90 ④ 88 ⑤ 24 ⑥ 22 ⑦ 66 ⑧ 82 ⑨ 62 ⑩ 99 ⑪ 66 ⑫ 48 ⑬ 72 ⑭ 46 ⑮ 34 ⑯ 63 ⑰ 26 ⑱ 86 ⑲ 93 ⑳ 19 ㉑ 45 ㉒ 88 ㉓ 96 ㉔ 77

3 Day

15쪽 Ⓐ

① 90
② 80
③ 70
④ 22
⑤ 84
⑥ 39
⑦ 32
⑧ 66
⑨ 28
⑩ 96
⑪ 43
⑫ 44
⑬ 63
⑭ 46
⑮ 33
⑯ 24
⑰ 24
⑱ 68
⑲ 56
⑳ 44
㉑ 84
㉒ 33
㉓ 64
㉔ 66

16쪽 Ⓑ

① 50
② 60
③ 60
④ 55
⑤ 69
⑥ 86
⑦ 26
⑧ 93
⑨ 88
⑩ 88
⑪ 36
⑫ 16
⑬ 42
⑭ 99
⑮ 82
⑯ 62
⑰ 42
⑱ 46
⑲ 99
⑳ 48
㉑ 48
㉒ 84
㉓ 86
㉔ 66

4 Day

17쪽 Ⓐ

① 70
② 40
③ 40
④ 28
⑤ 42
⑥ 44
⑦ 39
⑧ 65
⑨ 66
⑩ 64
⑪ 63
⑫ 26
⑬ 77
⑭ 88
⑮ 68
⑯ 82
⑰ 48
⑱ 24
⑲ 84
⑳ 69
㉑ 62
㉒ 44
㉓ 46
㉔ 66

18쪽 Ⓑ

① 80
② 60
③ 90
④ 32
⑤ 46
⑥ 68
⑦ 44
⑧ 42
⑨ 93
⑩ 86
⑪ 99
⑫ 88
⑬ 36
⑭ 64
⑮ 66
⑯ 48
⑰ 84
⑱ 58
⑲ 84
⑳ 80
㉑ 17
㉒ 48
㉓ 33
㉔ 96

5 Day

19쪽 Ⓐ

① 80
② 20
③ 60
④ 24
⑤ 22
⑥ 96
⑦ 46
⑧ 88
⑨ 36
⑩ 82
⑪ 88
⑫ 63
⑬ 39
⑭ 73
⑮ 88
⑯ 99
⑰ 33
⑱ 66
⑲ 93
⑳ 48
㉑ 84
㉒ 86
㉓ 69
㉔ 64

20쪽 Ⓑ

① 44
② 90
③ 60
④ 28
⑤ 55
⑥ 26
⑦ 62
⑧ 39
⑨ 99
⑩ 60
⑪ 22
⑫ 68
⑬ 19
⑭ 84
⑮ 84
⑯ 86
⑰ 36
⑱ 48
⑲ 80
⑳ 66
㉑ 24
㉒ 55
㉓ 42
㉔ 44

42 단계 (두 자리 수)×(한 자리 수) ❷

42단계에서는 올림이 1번 있는 (두 자리 수)×(한 자리 수)를 익힙니다. 십의 자리 계산에서 올림이 있을 때에는 백의 자리에 올림한 수를 바로 쓰면 되지만, 일의 자리에서 올림이 있을 때에는 올림한 수를 십의 자리 위에 작게 쓰도록 지도합니다. 이때 십의 자리 계산 결과에 올림한 수를 더해주는 것을 빠뜨려 틀리는 경우가 종종 있으니 계산 과정을 꼭 점검해 주세요.

1 Day

23쪽 Ⓐ

① 100 ② 240 ③ 450 ④ 567 ⑤ 219 ⑥ 186
⑦ 168 ⑧ 105 ⑨ 128 ⑩ 426 ⑪ 279 ⑫ 108
⑬ 81 ⑭ 84 ⑮ 74 ⑯ 78 ⑰ 96 ⑱ 96
⑲ 76 ⑳ 75 ㉑ 98 ㉒ 78 ㉓ 68 ㉔ 92

24쪽 Ⓑ

① 300 ② 630 ③ 166 ④ 497
⑤ 106 ⑥ 126 ⑦ 208 ⑧ 189
⑨ 64 ⑩ 84 ⑪ 90 ⑫ 76
⑬ 70 ⑭ 91 ⑮ 90 ⑯ 75

2 Day

25쪽 Ⓐ

① 140 ② 150 ③ 360 ④ 168 ⑤ 287 ⑥ 144
⑦ 183 ⑧ 188 ⑨ 427 ⑩ 146 ⑪ 159 ⑫ 368
⑬ 72 ⑭ 87 ⑮ 80 ⑯ 52 ⑰ 72 ⑱ 92
⑲ 98 ⑳ 60 ㉑ 72 ㉒ 36 ㉓ 74 ㉔ 48

26쪽 Ⓑ

① 300 ② 210 ③ 156 ④ 162
⑤ 305 ⑥ 189 ⑦ 486 ⑧ 288
⑨ 75 ⑩ 34 ⑪ 78 ⑫ 96
⑬ 56 ⑭ 70 ⑮ 56 ⑯ 78

3 Day

27쪽 A

① 180 ② 640 ③ 280 ④ 639 ⑤ 186 ⑥ 248
⑦ 184 ⑧ 405 ⑨ 306 ⑩ 279 ⑪ 328 ⑫ 357
⑬ 65 ⑭ 98 ⑮ 72 ⑯ 74 ⑰ 92 ⑱ 60
⑲ 92 ⑳ 76 ㉑ 85 ㉒ 94 ㉓ 84 ㉔ 72

28쪽 B

① 200 ② 140 ③ 129 ④ 549
⑤ 328 ⑥ 546 ⑦ 126 ⑧ 276
⑨ 54 ⑩ 87 ⑪ 30 ⑫ 96
⑬ 98 ⑭ 54 ⑮ 90 ⑯ 57

4 Day

29쪽 A

① 540 ② 480 ③ 180 ④ 128 ⑤ 405 ⑥ 249
⑦ 255 ⑧ 147 ⑨ 164 ⑩ 246 ⑪ 819 ⑫ 205
⑬ 56 ⑭ 70 ⑮ 81 ⑯ 72 ⑰ 50 ⑱ 78
⑲ 52 ⑳ 95 ㉑ 45 ㉒ 78 ㉓ 92 ㉔ 84

30쪽 B

① 120 ② 420 ③ 148 ④ 455
⑤ 408 ⑥ 246 ⑦ 244 ⑧ 216
⑨ 96 ⑩ 54 ⑪ 51 ⑫ 32
⑬ 90 ⑭ 56 ⑮ 96 ⑯ 90

5 Day

31쪽 A

① 350 ② 160 ③ 560 ④ 366 ⑤ 243 ⑥ 124
⑦ 155 ⑧ 369 ⑨ 284 ⑩ 128 ⑪ 104 ⑫ 276
⑬ 94 ⑭ 54 ⑮ 64 ⑯ 58 ⑰ 70 ⑱ 74
⑲ 52 ⑳ 96 ㉑ 85 ㉒ 70 ㉓ 98 ㉔ 72

32쪽 B

① 400 ② 270 ③ 146 ④ 637
⑤ 355 ⑥ 248 ⑦ 168 ⑧ 159
⑨ 87 ⑩ 50 ⑪ 38 ⑫ 84
⑬ 72 ⑭ 92 ⑮ 76 ⑯ 42

43 단계 (두 자리 수)×(한 자리 수) ❸

43단계에서는 올림이 연달아 2번 있는 (두 자리 수)×(한 자리 수)를 익힙니다. 이 단계에서는 곱셈의 올림과 덧셈의 받아올림이 복합되어 있어 계산이 복잡합니다. 아이들이 머릿셈을 잘하지 못하는 경우에는 일의 자리 계산에서 올림한 수와 십의 자리 곱을 더하는 과정을 문제 옆에 한 번 더 써서 눈으로 확인시켜 주세요.

1 Day

35쪽 A

① 176 ② 154 ③ 258 ④ 588 ⑤ 335 ⑥ 136
⑦ 623 ⑧ 384 ⑨ 204 ⑩ 712 ⑪ 441 ⑫ 324
⑬ 108 ⑭ 504 ⑮ 308 ⑯ 104 ⑰ 510 ⑱ 315
⑲ 539 ⑳ 544 ㉑ 513 ㉒ 612 ㉓ 102 ㉔ 406

36쪽 B

① 147 ② 882 ③ 594 ④ 231
⑤ 304 ⑥ 413 ⑦ 624 ⑧ 104
⑨ 136 ⑩ 201 ⑪ 621 ⑫ 315
⑬ 336 ⑭ 525 ⑮ 252 ⑯ 414

2 Day

37쪽 A

① 192 ② 344 ③ 236 ④ 125 ⑤ 370 ⑥ 344
⑦ 329 ⑧ 117 ⑨ 234 ⑩ 532 ⑪ 232 ⑫ 204
⑬ 126 ⑭ 316 ⑮ 324 ⑯ 135 ⑰ 108 ⑱ 608
⑲ 536 ⑳ 528 ㉑ 423 ㉒ 616 ㉓ 405 ㉔ 112

38쪽 B

① 464 ② 144 ③ 152 ④ 172
⑤ 216 ⑥ 511 ⑦ 333 ⑧ 100
⑨ 204 ⑩ 712 ⑪ 441 ⑫ 306
⑬ 220 ⑭ 104 ⑮ 510 ⑯ 225

3 Day

39쪽 A

① 188 ② 192 ③ 345 ④ 252 ⑤ 176 ⑥ 224
⑦ 135 ⑧ 522 ⑨ 531 ⑩ 153 ⑪ 105 ⑫ 315
⑬ 552 ⑭ 300 ⑮ 402 ⑯ 224 ⑰ 525 ⑱ 546
⑲ 210 ⑳ 136 ㉑ 112 ㉒ 230 ㉓ 522 ㉔ 413

40쪽 B

① 138 ② 280 ③ 440 ④ 486
⑤ 282 ⑥ 316 ⑦ 141 ⑧ 312
⑨ 135 ⑩ 203 ⑪ 536 ⑫ 204
⑬ 324 ⑭ 553 ⑮ 234 ⑯ 532

4 Day

41쪽 A

① 110 ② 145 ③ 576 ④ 282 ⑤ 291 ⑥ 390
⑦ 595 ⑧ 222 ⑨ 243 ⑩ 140 ⑪ 504 ⑫ 306
⑬ 612 ⑭ 544 ⑮ 511 ⑯ 333 ⑰ 144 ⑱ 712
⑲ 264 ⑳ 196 ㉑ 658 ㉒ 616 ㉓ 204 ㉔ 216

42쪽 B

① 364 ② 141 ③ 198 ④ 195
⑤ 402 ⑥ 602 ⑦ 104 ⑧ 105
⑨ 153 ⑩ 116 ⑪ 624 ⑫ 528
⑬ 322 ⑭ 444 ⑮ 177 ⑯ 387

5 Day

43쪽 A

① 192 ② 190 ③ 340 ④ 392 ⑤ 468 ⑥ 462
⑦ 120 ⑧ 608 ⑨ 316 ⑩ 108 ⑪ 111 ⑫ 112
⑬ 203 ⑭ 324 ⑮ 616 ⑯ 144 ⑰ 234 ⑱ 532
⑲ 235 ⑳ 553 ㉑ 288 ㉒ 117 ㉓ 234 ㉔ 315

44쪽 B

① 765 ② 220 ③ 470 ④ 456
⑤ 216 ⑥ 510 ⑦ 351 ⑧ 104
⑨ 152 ⑩ 399 ⑪ 534 ⑫ 260
⑬ 343 ⑭ 616 ⑮ 222 ⑯ 306

(세 자리 수)×(한 자리 수) ❶

(세 자리 수)×(한 자리 수)와 (두 자리 수)×(한 자리 수)는 곱하는 수를 곱해지는 수의 각 자리에 차례로 곱하여 더하므로 계산 원리가 같습니다. 곱해지는 수의 자릿수가 세 자리인지, 두 자리인지의 차이뿐이므로 이 단계를 어려워하는 아이들은 41~43단계를 다시 복습시킵니다.

1 Day

47쪽 Ⓐ

① 1274 ② 4800 ③ 4900 ④ 920 ⑤ 3054 ⑥ 6372 ⑦ 492 ⑧ 2736 ⑨ 669 ⑩ 2405 ⑪ 496 ⑫ 5646 ⑬ 4075 ⑭ 1590 ⑮ 2220 ⑯ 681 ⑰ 1164 ⑱ 4010

48쪽 Ⓑ

① 2500 ② 980 ③ 1810 ④ 1860 ⑤ 2088 ⑥ 2718 ⑦ 755 ⑧ 228 ⑨ 586 ⑩ 1449 ⑪ 1272 ⑫ 5397

2 Day

49쪽 Ⓐ

① 5139 ② 1600 ③ 2100 ④ 7236 ⑤ 4800 ⑥ 1848 ⑦ 876 ⑧ 1100 ⑨ 805 ⑩ 1089 ⑪ 987 ⑫ 5706 ⑬ 2368 ⑭ 4015 ⑮ 2484 ⑯ 302 ⑰ 791 ⑱ 1276

50쪽 Ⓑ

① 4500 ② 960 ③ 4212 ④ 1610 ⑤ 1626 ⑥ 5859 ⑦ 1276 ⑧ 3090 ⑨ 4340 ⑩ 492 ⑪ 566 ⑫ 2070

3 Day

51쪽 A

① 2169
② 2400
③ 1600
④ 2448
⑤ 900
⑥ 1000
⑦ 1126
⑧ 1899
⑨ 1684
⑩ 690
⑪ 1824
⑫ 375
⑬ 874
⑭ 1584
⑮ 5817
⑯ 1094
⑰ 604
⑱ 5418

52쪽 B

① 6300
② 3224
③ 1818
④ 5680
⑤ 642
⑥ 326
⑦ 2968
⑧ 2570
⑨ 3010
⑩ 584
⑪ 5528
⑫ 963

4 Day

53쪽 A

① 1560
② 1000
③ 1200
④ 5463
⑤ 7232
⑥ 868
⑦ 555
⑧ 954
⑨ 2492
⑩ 1850
⑪ 4230
⑫ 4998
⑬ 579
⑭ 2456
⑮ 1686
⑯ 2580
⑰ 968
⑱ 1692

54쪽 B

① 7200
② 2821
③ 1520
④ 3900
⑤ 513
⑥ 666
⑦ 3618
⑧ 1768
⑨ 1032
⑩ 2856
⑪ 2775
⑫ 1768

5 Day

55쪽 A

① 744
② 3000
③ 2400
④ 3672
⑤ 900
⑥ 4480
⑦ 1256
⑧ 4446
⑨ 2540
⑩ 1260
⑪ 2187
⑫ 506
⑬ 464
⑭ 1689
⑮ 1920
⑯ 6517
⑰ 1038
⑱ 945

56쪽 B

① 480
② 3500
③ 418
④ 650
⑤ 2280
⑥ 344
⑦ 4146
⑧ 2442
⑨ 918
⑩ 2255
⑪ 2800
⑫ 2472

(세 자리 수)×(한 자리 수) ❷

43단계와 마찬가지로 이 단계에서는 곱셈의 올림과 덧셈의 받아올림이 복합되어 계산이 복잡합니다. 44단계와 같은 문제 수라도 수가 복잡하여 시간이 더 오래 걸리고 아이들이 실수하기 쉬운 단계이니 시간 단축보다는 계산의 정확성에 더 유의하여 지도해 주세요.

1 Day

59쪽 Ⓐ

① 3114	⑦ 2202	⑬ 3801
② 4504	⑧ 1904	⑭ 1945
③ 5369	⑨ 2904	⑮ 3591
④ 2295	⑩ 4039	⑯ 3479
⑤ 3101	⑪ 2304	⑰ 6104
⑥ 2023	⑫ 3800	⑱ 5016

60쪽 Ⓑ

① 3156	⑤ 3176	⑨ 2088
② 5178	⑥ 2475	⑩ 5272
③ 3143	⑦ 4104	⑪ 4113
④ 2004	⑧ 3108	⑫ 5344

2 Day

61쪽 Ⓐ

① 2604	⑦ 5908	⑬ 6813
② 2262	⑧ 3912	⑭ 1704
③ 3180	⑨ 2673	⑮ 3185
④ 6041	⑩ 3132	⑯ 2376
⑤ 3311	⑪ 1796	⑰ 6012
⑥ 3033	⑫ 4041	⑱ 2310

62쪽 Ⓑ

① 4074	⑤ 4095	⑨ 1398
② 3178	⑥ 3267	⑩ 2988
③ 3006	⑦ 2225	⑪ 3032
④ 3318	⑧ 3112	⑫ 3912

3 Day

63쪽 A

① 2415 ② 8901 ③ 3096 ④ 3262 ⑤ 2214 ⑥ 6128
⑦ 3906 ⑧ 1917 ⑨ 5292 ⑩ 2352 ⑪ 5000 ⑫ 1100
⑬ 3720 ⑭ 2712 ⑮ 5376 ⑯ 2368 ⑰ 3105 ⑱ 3346

64쪽 B

① 3483 ② 4056 ③ 2152 ④ 3122
⑤ 3444 ⑥ 6181 ⑦ 1024 ⑧ 5313
⑨ 6118 ⑩ 4464 ⑪ 5104 ⑫ 2001

4 Day

65쪽 A

① 2928 ② 4802 ③ 4176 ④ 1424 ⑤ 4122 ⑥ 3015
⑦ 2300 ⑧ 6952 ⑨ 5376 ⑩ 6264 ⑪ 4284 ⑫ 1053
⑬ 2512 ⑭ 5824 ⑮ 3184 ⑯ 5334 ⑰ 1521 ⑱ 5028

66쪽 B

① 4077 ② 3458 ③ 1431 ④ 2009
⑤ 2268 ⑥ 4842 ⑦ 2202 ⑧ 2502
⑨ 6075 ⑩ 5296 ⑪ 2200 ⑫ 1071

5 Day

67쪽 A

① 1722 ② 2628 ③ 2176 ④ 5144 ⑤ 1008 ⑥ 3104
⑦ 3824 ⑧ 4653 ⑨ 2388 ⑩ 2358 ⑪ 1008 ⑫ 1116
⑬ 6921 ⑭ 3704 ⑮ 5292 ⑯ 3374 ⑰ 1029 ⑱ 1917

68쪽 B

① 3283 ② 4182 ③ 1167 ④ 2223
⑤ 3348 ⑥ 3332 ⑦ 1716 ⑧ 1503
⑨ 2244 ⑩ 3470 ⑪ 1134 ⑫ 3056

곱셈 종합

(두 자리 수)×(한 자리 수), (세 자리 수)×(한 자리 수)를 다양하게 연습합니다.
계산 과정에서 올림이 있는 경우 올림한 수를 빠뜨리고 계산하지 않는지, 각 자리의 곱을 올바른 위치에 쓰는지 다시 한 번 점검해 주세요.

1 Day

71쪽 A

① 364 ② 140 ③ 240 ④ 468 ⑤ 140 ⑥ 423
⑦ 184 ⑧ 216 ⑨ 400 ⑩ 378 ⑪ 520 ⑫ 185
⑬ 2142 ⑭ 852 ⑮ 3248 ⑯ 2316 ⑰ 2000 ⑱ 5201
⑲ 1280 ⑳ 4800 ㉑ 3888 ㉒ 1370 ㉓ 4236 ㉔ 4170

72쪽 B

① 1416 ② 208 ③ 2674 ④ 135
⑤ 192 ⑥ 1530 ⑦ 335 ⑧ 2848
⑨ 1824 ⑩ 834 ⑪ 234 ⑫ 3542

2 Day

73쪽 A

① 288 ② 252 ③ 208 ④ 344 ⑤ 540 ⑥ 216
⑦ 308 ⑧ 264 ⑨ 168 ⑩ 270 ⑪ 365 ⑫ 152
⑬ 1024 ⑭ 921 ⑮ 3084 ⑯ 1380 ⑰ 2800 ⑱ 3168
⑲ 482 ⑳ 3248 ㉑ 6489 ㉒ 4240 ㉓ 2156 ㉔ 768

74쪽 B

① 1224 ② 3120 ③ 4992 ④ 296
⑤ 415 ⑥ 1640 ⑦ 400 ⑧ 3941
⑨ 2335 ⑩ 213 ⑪ 376 ⑫ 3020

3 Day

75쪽 A

① 185 ② 224 ③ 434 ④ 332 ⑤ 320 ⑥ 216 ⑦ 198 ⑧ 141 ⑨ 630 ⑩ 204 ⑪ 518 ⑫ 315 ⑬ 952 ⑭ 3448 ⑮ 1521 ⑯ 5968 ⑰ 3200 ⑱ 4275 ⑲ 1944 ⑳ 4375 ㉑ 2700 ㉒ 2936 ㉓ 4310 ㉔ 5418

76쪽 B

① 2904 ② 208 ③ 2996 ④ 1710 ⑤ 192 ⑥ 264 ⑦ 3642 ⑧ 3283 ⑨ 414 ⑩ 1128 ⑪ 234 ⑫ 1545

4 Day

77쪽 A

① 260 ② 171 ③ 152 ④ 384 ⑤ 344 ⑥ 350 ⑦ 138 ⑧ 152 ⑨ 405 ⑩ 402 ⑪ 385 ⑫ 203 ⑬ 592 ⑭ 4824 ⑮ 810 ⑯ 5960 ⑰ 3264 ⑱ 1422 ⑲ 800 ⑳ 5698 ㉑ 1315 ㉒ 1926 ㉓ 3296 ㉔ 5640

78쪽 B

① 2068 ② 180 ③ 415 ④ 1482 ⑤ 2622 ⑥ 336 ⑦ 1821 ⑧ 3780 ⑨ 392 ⑩ 1929 ⑪ 528 ⑫ 4746

5 Day

79쪽 A

① 516 ② 171 ③ 248 ④ 371 ⑤ 144 ⑥ 480 ⑦ 205 ⑧ 496 ⑨ 184 ⑩ 656 ⑪ 560 ⑫ 225 ⑬ 792 ⑭ 3216 ⑮ 2660 ⑯ 4320 ⑰ 1788 ⑱ 4235 ⑲ 3731 ⑳ 4115 ㉑ 8136 ㉒ 1638 ㉓ 2502 ㉔ 3240

80쪽 B

① 3020 ② 1068 ③ 378 ④ 5736 ⑤ 3292 ⑥ 300 ⑦ 2127 ⑧ 2300 ⑨ 424 ⑩ 5740 ⑪ 116 ⑫ 1840

47단계 나눗셈 기초

47단계에서는 같은 수의 덧셈을 곱셈으로 나타내기로 약속했던 것처럼 같은 수의 뺄셈을 나눗셈으로 나타내기로 약속합니다. 빼는 수(나누는 수)와 빼는 횟수(몫)가 나눗셈식에서 어떤 의미를 갖는지 말로 나타내어 보게 해 주세요. 나눗셈은 곱셈과 항상 붙어 다니므로 곱셈과 연관하여 계산하는 것을 자연스럽게 받아들일 수 있도록 지도해 주세요.

1 Day

83쪽 A

① 4, 4
② 9, 5
③ 7, 6
④ 5, 5
⑤ 2, 9
⑥ 8, 3
⑦ 6, 7
⑧ 3, 4
⑨ 4, 8
⑩ 7, 2

84쪽 B

① 3, 3
② 9, 9
③ 4, 4
④ 4, 4
⑤ 9, 9
⑥ 5, 5
⑦ 5, 5
⑧ 7, 7
⑨ 9, 9
⑩ 7, 7
⑪ 8, 8
⑫ 8, 8
⑬ 9, 9
⑭ 2, 2
⑮ 4, 4
⑯ 8, 8
⑰ 4, 4
⑱ 6, 6
⑲ 6, 6
⑳ 9, 9

2 Day

85쪽 A

① 9, 1
② 3, 3
③ 7, 7
④ 6, 4
⑤ 5, 8
⑥ 2, 5
⑦ 8, 9
⑧ 2, 4
⑨ 1, 6
⑩ 4, 7

86쪽 B

① 6, 6
② 8, 8
③ 3, 3
④ 2, 2
⑤ 9, 9
⑥ 9, 9
⑦ 7, 7
⑧ 7, 7
⑨ 2, 2
⑩ 6, 6
⑪ 3, 3
⑫ 4, 4
⑬ 9, 9
⑭ 2, 2
⑮ 4, 4
⑯ 4, 4
⑰ 5, 5
⑱ 2, 2
⑲ 7, 7
⑳ 8, 8

3 Day

87쪽 A

① 6, 7
② 4, 6
③ 5, 1
④ 3, 5
⑤ 9, 8
⑥ 8, 2
⑦ 5, 6
⑧ 7, 9
⑨ 2, 3
⑩ 8, 8

88쪽 B

① 5, 5
② 2, 2
③ 7, 7
④ 6, 6
⑤ 8, 8
⑥ 3, 3
⑦ 7, 7
⑧ 5, 5
⑨ 8, 8
⑩ 6, 6
⑪ 1, 1
⑫ 8, 8
⑬ 8, 8
⑭ 6, 6
⑮ 3, 3
⑯ 7, 7
⑰ 3, 3
⑱ 1, 1
⑲ 3, 3
⑳ 5, 5

4 Day

89쪽 A

① 6, 8
② 5, 3
③ 7, 1
④ 3, 7
⑤ 8, 5
⑥ 9, 4
⑦ 4, 2
⑧ 1, 3
⑨ 2, 6
⑩ 6, 9

90쪽 B

① 2, 2
② 9, 9
③ 2, 2
④ 6, 6
⑤ 7, 7
⑥ 6, 6
⑦ 9, 9
⑧ 4, 4
⑨ 7, 7
⑩ 4, 4
⑪ 3, 3
⑫ 3, 3
⑬ 5, 5
⑭ 4, 4
⑮ 9, 9
⑯ 6, 6
⑰ 2, 2
⑱ 9, 9
⑲ 4, 4
⑳ 5, 5

5 Day

91쪽 A

① 3, 1
② 4, 9
③ 3, 8
④ 6, 2
⑤ 5, 9
⑥ 4, 3
⑦ 2, 7
⑧ 7, 5
⑨ 8, 4
⑩ 9, 6

92쪽 B

① 9, 9
② 2, 2
③ 7, 7
④ 5, 5
⑤ 3, 3
⑥ 9, 9
⑦ 7, 7
⑧ 6, 6
⑨ 1, 1
⑩ 2, 2
⑪ 5, 5
⑫ 3, 3
⑬ 5, 5
⑭ 6, 6
⑮ 8, 8
⑯ 8, 8
⑰ 9, 9
⑱ 6, 6
⑲ 2, 2
⑳ 4, 4

구구단 범위에서의 나눗셈 ❶

곱셈과 나눗셈은 서로 역연산 관계이므로 구구단을 이용하여 나눗셈의 몫을 구하도록 지도하세요. 구구단이 아직 완벽히 훈련되지 않은 아이들은 4권 31~32단계로 되돌아가 복습하도록 지도해 주세요.

1 Day

95쪽 Ⓐ

① 5	⑪ 7	㉑ 2
② 3	⑫ 9	㉒ 4
③ 8	⑬ 3	㉓ 8
④ 9	⑭ 9	㉔ 7
⑤ 5	⑮ 9	㉕ 4
⑥ 2	⑯ 8	㉖ 3
⑦ 7	⑰ 5	㉗ 4
⑧ 6	⑱ 2	㉘ 9
⑨ 1	⑲ 3	㉙ 6
⑩ 4	⑳ 4	㉚ 1

96쪽 Ⓑ

① 8	⑨ 2	⑰ 3
② 3	⑩ 9	⑱ 5
③ 5	⑪ 1	⑲ 7
④ 6	⑫ 7	⑳ 3
⑤ 8	⑬ 4	㉑ 2
⑥ 5	⑭ 3	㉒ 1
⑦ 7	⑮ 2	㉓ 4
⑧ 8	⑯ 6	㉔ 4

2 Day

97쪽 Ⓐ

① 8	⑪ 2	㉑ 7
② 6	⑫ 6	㉒ 2
③ 2	⑬ 8	㉓ 9
④ 5	⑭ 8	㉔ 7
⑤ 9	⑮ 7	㉕ 4
⑥ 7	⑯ 1	㉖ 3
⑦ 5	⑰ 8	㉗ 3
⑧ 6	⑱ 7	㉘ 5
⑨ 6	⑲ 5	㉙ 1
⑩ 9	⑳ 5	㉚ 3

98쪽 Ⓑ

① 2	⑨ 9	⑰ 8
② 4	⑩ 2	⑱ 7
③ 4	⑪ 8	⑲ 2
④ 3	⑫ 3	⑳ 8
⑤ 4	⑬ 1	㉑ 8
⑥ 5	⑭ 4	㉒ 9
⑦ 6	⑮ 7	㉓ 7
⑧ 1	⑯ 3	㉔ 6

3 Day

99쪽 A

① 6
② 3
③ 4
④ 5
⑤ 8
⑥ 1
⑦ 2
⑧ 4
⑨ 2
⑩ 1
⑪ 7
⑫ 4
⑬ 1
⑭ 5
⑮ 5
⑯ 4
⑰ 6
⑱ 3
⑲ 2
⑳ 4
㉑ 9
㉒ 6
㉓ 5
㉔ 2
㉕ 9
㉖ 7
㉗ 4
㉘ 3
㉙ 8
㉚ 5

100쪽 B

① 8
② 6
③ 5
④ 9
⑤ 5
⑥ 3
⑦ 4
⑧ 8
⑨ 1
⑩ 7
⑪ 2
⑫ 7
⑬ 6
⑭ 9
⑮ 8
⑯ 2
⑰ 8
⑱ 7
⑲ 3
⑳ 9
㉑ 2
㉒ 6
㉓ 9
㉔ 6

4 Day

101쪽 A

① 7
② 8
③ 4
④ 9
⑤ 8
⑥ 4
⑦ 7
⑧ 6
⑨ 3
⑩ 5
⑪ 4
⑫ 6
⑬ 7
⑭ 2
⑮ 4
⑯ 7
⑰ 3
⑱ 6
⑲ 4
⑳ 9
㉑ 7
㉒ 1
㉓ 9
㉔ 5
㉕ 6
㉖ 8
㉗ 5
㉘ 8
㉙ 5
㉚ 3

102쪽 B

① 3
② 6
③ 2
④ 5
⑤ 9
⑥ 6
⑦ 4
⑧ 6
⑨ 1
⑩ 8
⑪ 5
⑫ 4
⑬ 3
⑭ 6
⑮ 2
⑯ 9
⑰ 3
⑱ 7
⑲ 8
⑳ 7
㉑ 5
㉒ 9
㉓ 7
㉔ 2

5 Day

103쪽 A

① 7
② 3
③ 8
④ 4
⑤ 3
⑥ 6
⑦ 1
⑧ 9
⑨ 2
⑩ 5
⑪ 5
⑫ 6
⑬ 2
⑭ 1
⑮ 8
⑯ 4
⑰ 9
⑱ 8
⑲ 7
⑳ 6
㉑ 2
㉒ 3
㉓ 3
㉔ 5
㉕ 9
㉖ 1
㉗ 9
㉘ 5
㉙ 2
㉚ 4

104쪽 B

① 5
② 2
③ 8
④ 4
⑤ 3
⑥ 8
⑦ 7
⑧ 9
⑨ 3
⑩ 6
⑪ 7
⑫ 2
⑬ 4
⑭ 7
⑮ 8
⑯ 7
⑰ 5
⑱ 4
⑲ 6
⑳ 9
㉑ 7
㉒ 9
㉓ 8
㉔ 3

구구단 범위에서의 나눗셈 ❷

49단계에서는 48단계에 이어 몫이 한 자리 수인 (두 자리 수)÷(한 자리 수)를 연습합니다. 또 나눗셈의 세로 형식을 쓸 때에는 나누어지는 수와 나누는 수의 위치를 바르게 쓰고 자리에 맞춰 몫을 쓰는 연습을 하도록 합니다. 이 과정이 제대로 이루어지지 않으면 이후 나누어지는 수의 자릿수가 커질 때 자릿값 혼동을 일으킬 수 있으므로 정확하게 지도합니다.

1 Day

107쪽 Ⓐ

① 7	⑪ 4	㉑ 7
② 8	⑫ 6	㉒ 1
③ 4	⑬ 8	㉓ 9
④ 9	⑭ 2	㉔ 5
⑤ 8	⑮ 4	㉕ 6
⑥ 1	⑯ 7	㉖ 8
⑦ 7	⑰ 3	㉗ 5
⑧ 6	⑱ 6	㉘ 8
⑨ 3	⑲ 4	㉙ 5
⑩ 5	⑳ 9	㉚ 3

108쪽 Ⓑ

① 7	⑥ 5	⑪ 4
② 6	⑦ 3	⑫ 6
③ 9	⑧ 3	⑬ 7
④ 9	⑨ 2	⑭ 1
⑤ 9	⑩ 7	⑮ 9

2 Day

109쪽 Ⓐ

① 8	⑪ 8	㉑ 7
② 7	⑫ 9	㉒ 5
③ 8	⑬ 7	㉓ 3
④ 6	⑭ 8	㉔ 5
⑤ 4	⑮ 3	㉕ 2
⑥ 2	⑯ 8	㉖ 6
⑦ 7	⑰ 9	㉗ 1
⑧ 7	⑱ 2	㉘ 5
⑨ 8	⑲ 6	㉙ 5
⑩ 9	⑳ 6	㉚ 1

110쪽 Ⓑ

① 2	⑥ 7	⑪ 8
② 5	⑦ 4	⑫ 3
③ 4	⑧ 5	⑬ 2
④ 5	⑨ 4	⑭ 4
⑤ 6	⑩ 9	⑮ 6

3 Day

111쪽 A

① 8	⑪ 2	㉑ 8
② 3	⑫ 2	㉒ 5
③ 5	⑬ 7	㉓ 3
④ 2	⑭ 5	㉔ 5
⑤ 9	⑮ 6	㉕ 1
⑥ 9	⑯ 8	㉖ 6
⑦ 2	⑰ 7	㉗ 8
⑧ 3	⑱ 6	㉘ 2
⑨ 7	⑲ 5	㉙ 9
⑩ 4	⑳ 8	㉚ 1

112쪽 B

① 9	⑥ 7	⑪ 4
② 7	⑦ 6	⑫ 8
③ 3	⑧ 9	⑬ 3
④ 9	⑨ 4	⑭ 1
⑤ 9	⑩ 6	⑮ 6

4 Day

113쪽 A

① 3	⑪ 5	㉑ 3
② 7	⑫ 4	㉒ 4
③ 9	⑬ 7	㉓ 1
④ 1	⑭ 7	㉔ 6
⑤ 5	⑮ 5	㉕ 9
⑥ 4	⑯ 9	㉖ 8
⑦ 3	⑰ 4	㉗ 7
⑧ 5	⑱ 6	㉘ 8
⑨ 8	⑲ 2	㉙ 2
⑩ 6	⑳ 4	㉚ 3

114쪽 B

① 8	⑥ 5	⑪ 7
② 8	⑦ 9	⑫ 7
③ 1	⑧ 2	⑬ 3
④ 8	⑨ 6	⑭ 6
⑤ 8	⑩ 2	⑮ 4

5 Day

115쪽 A

① 9	⑪ 3	㉑ 6
② 3	⑫ 5	㉒ 7
③ 9	⑬ 6	㉓ 2
④ 4	⑭ 3	㉔ 9
⑤ 9	⑮ 6	㉕ 8
⑥ 3	⑯ 4	㉖ 3
⑦ 1	⑰ 6	㉗ 7
⑧ 2	⑱ 4	㉘ 7
⑨ 8	⑲ 7	㉙ 2
⑩ 5	⑳ 1	㉚ 5

116쪽 B

① 9	⑥ 7	⑪ 5
② 6	⑦ 1	⑫ 4
③ 8	⑧ 4	⑬ 7
④ 8	⑨ 2	⑭ 4
⑤ 4	⑩ 8	⑮ 6

50 단계 3학년 방정식

50단계에서는 구구단 범위에 있는 곱셈식, 나눗셈식에서 □의 값을 구합니다. 곱셈과 나눗셈의 관계를 이용하여 □를 구하는 식을 만들어서 푸는 훈련을 합니다. 고학년이 되어 수가 커지면 직관적으로 해결할 수 없기 때문에 미리미리 간단한 수로 이루어진 식을 변형하여 □를 구하는 연습을 하는 것이 좋습니다.

1 Day

119쪽 Ⓐ

① 24÷8, 3
② 48÷6, 8
③ 21÷3, 7
④ 18÷2, 9
⑤ 42÷7, 6

120쪽 Ⓑ

① 4
② 9
③ 3
④ 8
⑤ 7
⑥ 8
⑦ 2
⑧ 9
⑨ 5
⑩ 6

2 Day

121쪽 Ⓐ

① 6×5 또는 5×6, 30
② 5×2 또는 2×5, 10
③ 7×9 또는 9×7, 63
④ 8×8, 64
⑤ 9×3 또는 3×9, 27

122쪽 Ⓑ

① 35
② 18
③ 32
④ 36
⑤ 4
⑥ 42
⑦ 40
⑧ 63
⑨ 12
⑩ 24

3 Day

123쪽 A

① 12÷4, 3
② 30÷5, 6
③ 24÷6, 4
④ 63÷7, 9
⑤ 56÷8, 7

124쪽 B

① 3
② 6
③ 7
④ 9
⑤ 8
⑥ 8
⑦ 4
⑧ 3
⑨ 1
⑩ 5

4 Day

125쪽 A

① 27÷3, 9
② 49÷7, 7
③ 24÷8, 3
④ 54÷9, 6
⑤ 20÷4, 5

126쪽 B

① 8
② 2
③ 5
④ 4
⑤ 9
⑥ 1
⑦ 9
⑧ 7
⑨ 9
⑩ 6

5 Day

127쪽 A

① 5
② 8
③ 4
④ 49
⑤ 5
⑥ 2
⑦ 8
⑧ 3
⑨ 5
⑩ 7

128쪽 B

① 예 □÷3=7, 21
② 예 30÷□=5, 6
③ 예 4×□=28, 7

수고하셨습니다.

다음 단계로 올라갈까요?

기적의 계산법